# Projektmanagement

*kurz & gut*

# Projektmanagement
*kurz & gut*

*Daniel Brönimann und Christoph Bommer*

O'REILLY®

Daniel Brönimann und Christoph Bommer

Lektorat: Ariane Hesse
Fachliche Unterstützung: Michel Vergères, Andreas Johannsen, Horst Kostal, Theo Schneider
Korrektorat: Sibylle Feldmann, *www.richtiger-text.de*
Satz: III-satz, *www.drei-satz.de*
Herstellung: Stefanie Weidner
Umschlaggestaltung: Karen Montgomery, Michael Oréal, *www.oreal.de*
Druck und Bindung: BELTZ Grafische Betriebe GmbH, Bad Langensalza

Bibliografische Information der Deutschen Nationalbibliothek
Die Deutsche Nationalbibliothek verzeichnet diese Publikation in der Deutschen Nationalbibliografie; detaillierte bibliografische Daten sind im Internet über *http://dnb.d-nb.de* abrufbar.

ISBN:
Print 978-3-96009-188-2
PDF 978-3-96010-659-3
ePub 978-3-96010-660-9
mobi 978-3-96010-661-6

1. Auflage 2022

Wieblinger Weg 17
69123 Heidelberg

Dieses Buch erscheint in Kooperation mit O'Reilly Media, Inc. unter dem Imprint »O'REILLY«. O'REILLY ist ein Markenzeichen und eine eingetragene Marke von O'Reilly Media, Inc. und wird mit Einwilligung des Eigentümers verwendet.

*Hinweis:*
Dieses Buch wurde mit mineralölfreien Farben auf FSC®-zertifiziertem Papier aus nachhaltiger Waldwirtschaft gedruckt. Der Umwelt zuliebe verzichten wir zusätzlich auf die Einschweißfolie.

*Schreiben Sie uns:*
Falls Sie Anregungen, Wünsche und Kommentare haben, lassen Sie es uns wissen: *kommentar@oreilly.de*.



5 4 3 2 1

# Inhalt

## Teil II: Realisierung und Abschluss

## Teil III: Rollen und Beziehungen

# Danke!

Es gehört für uns zu den schönsten Dingen im Leben, die Zeit mit etwas zu verbringen, woran wir glauben, was uns begeistert und worauf wir stolz sind.

Dazu gehört die Arbeit an diesem Buch. Auf diesem Weg wurden wir unterstützt von Michel Vergères, der mit seinen klaren Analysen und Rückmeldungen in spannenden Diskussionen wesentlich zu dessen Qualität beigetragen hat. Genauso viel Qualität hat das Buch sprachlich wie inhaltlich gewonnen durch die wertvollen und kurzweiligen Team-Meetings mit unserer Lektorin von O'Reilly, Ariane Hesse.

Nicht zuletzt ein großer Dank unseren Familien, die uns den notwendigen Freiraum zugestanden haben.

KAPITEL 1

# Warum dieses Buch?

Projekte haben für Firmen eine große Bedeutung – egal ob interne Projekte oder externe Kundenaufträge. Schließlich geht es um Geschäftserfolg, Wettbewerbsfähigkeit und Kundenvertrauen. Abhängig von dieser Wichtigkeit der Projekte sollte der Projekterfolg entsprechend groß sein. Wie steht es in der Praxis also um die Erfolge?

Gemäß dem CHAOS-Report der Standish Group liegen heute die Chancen, ein IT-Projekt erfolgreich abzuwickeln, in dem niedrigen Bereich der 30er-Prozente. Und dies, obwohl man seit Jahrzehnten versucht, die Ausbildung der Projektleiter zu verbessern sowie die Abwicklung der Projekte in Vorgehensmodellen zu standardisieren.

Wie kann das sein!? Fehlt da etwas? Wir sind der Meinung ja, nämlich die Essenz des Projektmanagements zu begreifen und anzuwenden. Was wir darunter genau verstehen, folgt gleich, zunächst schauen wir uns aber die bisherigen Bemühungen an, Projekte erfolgreicher zu gestalten, und warum das bisher nicht genügte.

## Projektmanagementzertifizierungen

Bereits 1965 wurde der Vorläufer der heutigen *International Project Management Association* (IPMA) gegründet. Unter dem Dach der IPMA haben sich bis heute rund 70 nationale Projektmanagementvereinigungen zusammengeschlossen mit dem Ziel, Projektleiterinnen und Projektleiter international zu vernetzen und den Austausch untereinander zu fördern. Zusätzlich werden Ausbildungen und Zertifizierungen angeboten, wobei hier bewusst die Handlungskompetenzen eines Projektleiters in den Vordergrund gestellt werden und keine Methoden oder Tools. Diese Handlungskompetenzen werden in der sogenannten *Individual Competence Baseline* (ICB) zusammengefasst und umfassen aktuell 28 Kompetenzelemente, gruppiert in die drei Kompetenzbereiche *Kontext*, *Menschen* und *Praktiken*.

Neben der europäisch geprägten IPMA gibt es seit 1969 das US-amerikanische *Project Management Institute* (PMI), das eine vergleichbare Organisation darstellt. Mit seinem PMBOK-Guide stellt es im Unterschied zu der europäischen Herangehensweise ein prozessorientiertes Modell bereit, das vom IEEE als Standard anerkannt wurde.

Mit PRINCE2 (*Projects IN Controlled Environments*) gibt es eine dritte weltweit verbreitete Projektmanagementmethode, die anhand eines Best-Practice-Leitfadens konkrete Handlungsempfehlungen für jede Projektphase gibt. Ursprünglich wurde diese Methode von den britischen Behörden eingeführt und weiterentwickelt und wird heute von der privaten AXELOS angeboten.

Alle drei Organisationen bieten Zertifizierungen für Projektleiter an, die in den letzten Jahren einen enorm wachsenden Zulauf verzeichneten. Vermutlich kennst du bereits zertifizierte Kolleginnen oder Kollegen oder gehörst sogar selbst dazu.

## Vorgehensmodelle

In den vergangenen Jahrzehnten sind zahlreiche Vorgehensmodelle für IT-Projekte entstanden (siehe Tabelle 1-1 unten). Alle haben das Ziel, die verschiedenen Phasen, Rollen und Artefakte eines Projekts zu standardisieren und so allen Projektbeteiligten Sicherheit und eine klare Leitlinie zu geben, die vermittelt, wer wann was zu tun hat. Lass uns dazu die wesentlichen Ansätze kurz überfliegen.

Der prominenteste Vertreter unter den Vorgehensmodellen ist sicher das Wasserfallmodell, das das Projekt sequenziell in aufeinanderfolgende Phasen unterteilt, wobei die Ergebnisse einer Phase als Voraussetzungen für die nächste Phase dienen. Es ist ein leicht verständliches Modell und in der einen oder anderen Ausprägung stark verbreitet. Die größte Schwäche dieses Modells ist sicher das lineare Vorgehen und die damit verbundene mangelnde Flexibilität gegenüber Änderungen und neuen Anforderungen. Eine erste Verbesserung dieses Wasserfallmodells stellt das ebenfalls sequenzielle V-Modell dar, das zusätzlich die Testphasen den jeweiligen Entwicklungsphasen gegenüberstellt und so Stufe um Stufe die Verifikation und Validierung gewährleistet. Dank dieser Eigenschaft trifft man das V-Modell typischerweise in einem sicherheitsrelevanten Umfeld an, in dem Verifikation und Validierung wesentliche Anforderungen sind. Mit dem Spiralmodell wurde 1986 zeitgleich ein iteratives Vorgehensmodell vorgestellt, das die Phasen mehrfach spiralförmig durchläuft. Dies erlaubt es, im Projektverlauf dazuzulernen, sich dem Ziel anzunähern und so die Risiken zu minimieren. Allerdings wiederholt man hier mit wenigen Iterationen die Phasen vollständig, was nur ein langsames Lernen zulässt.

Dieses iterative Vorgehen und somit rasche Lernen hat sich aber als zentrales Element mit großem Mehrwert herausgestellt und wurde von weiteren Vorgehensmodellen, wie *Rational Unfied Process* (RUP), *Extreme Programming* (XT) oder *Scrum*, aufgegriffen sowie verfeinert. Die Zyklen wurden zeitlich stark gekürzt, sodass die gewonnenen Erkenntnisse viel rascher in die nächste Iteration einfließen können. Zudem versprechen agile Methoden gemäß ihrem Manifest [TAM01] schnellere und flexiblere Projekte durch leichtgewichtigere Prozesse und größere Kundennähe im Vergleich zu klassischen Vorgehensmodellen. Diese agilen Ansätze wurden von den klassischen Modellen ebenfalls aufgegriffen, und ihre Vorgehensmodelle wurden entsprechend modifiziert, so beispielsweise geschehen beim V-Modell, das zum V-Modell 97 und später zum V-Modell XT erweitert wurde.

Welches dieser Vorgehensmodelle kommt nun in der Praxis tatsächlich zum Einsatz? Viele Unternehmen möchten die Vorteile aus beiden Welten – also den klassischen wie auch den agilen Projektmanagementansatz – nutzen, weshalb häufig hybride Vorgehensweisen eingesetzt werden. Die Wahl des Vorgehensmodells hängt zudem wesentlich vom Fachgebiet deiner Software und der Unternehmenskultur ab.

Die Vielfalt und der Wandel der Modelle lassen erahnen, dass eine wirklich zuverlässige Methode, Projekte erfolgreich ins Ziel zu führen, noch nicht gefunden wurde und es wahrscheinlich so nie geben wird.

Nachfolgende Tabelle enthält eine Übersicht der wesentlichen Vorgehensmodelle und ihrer Einordnung. Dabei ist diese Auflistung nicht vollständig, sie soll lediglich einen Überblick über die großen Veränderungen geben und zeigen, wie lange bereits versucht wird, Projektmanagement zu standardisieren.

*Tabelle 1-1: Übersicht über wesentliche Vorgehensmodelle*

| Modell | Bekannt seit | Herkunft |
|---|---|---|
| Phasenorientierte Modelle | | |
| Phasenorientiertes Modell | 1956 | erstes Phasenmodell (H. D. Benington) |
| Wasserfallmodell | 1970 | Basismodell (W. W. Royce) |
| Hermes | 1975 | IT-Entwicklungsprojekte der Bundesverwaltung der Schweiz |
| V-Modell<br>V-Modell 97<br>V-Modell XT | 1986<br>1997<br>2005 | IT-Entwicklungsprojekte der Bundesrepublik Deutschland |
| PRINCE<br>PRINCE2 | 1989<br>1996 | ursprünglich britischer Regierungsstandard |
| Iterative Modelle | | |
| Spiralmodell | 1986 | iteratives Vorgehensmodell (B. W. Boehm) |
| RUP (Rational Unified Process) | 1999 | iteratives Vorgehensmodell (Rational Software) |
| Agile Modelle | | |
| Scrum | 1995 | iteratives, agiles Vorgehensmodell (J. Sutherland, K. Schwaber) |
| XP (Extreme Programming) | 1997 | iteratives, agiles Vorgehensmodell (K. Beck) |

*Tabelle 1-1: Übersicht über wesentliche Vorgehensmodelle (Fortsetzung)*

| Modell | Bekannt seit | Herkunft |
|---|---|---|
| Agile Modelle für große Projekte | | |
| SAFe (Scaled Agile Framework) | 2011 | agiles Vorgehensmodell für große Projekte (D. Leffingwell) |
| Nexus | 2015 | K. Schwaber |
| Scrum@Scale | 2018 | J. Sutherland |

# Mehr ist manchmal zu viel

Genauso wenig, wie es gelingt, die Projektabläufe zu standardisieren, führen die vielfältigen Bemühungen, Projektleiterinnen und Projektleiter besser auszubilden, offensichtlich nicht in ausreichendem Maße zum gewünschten Erfolg.

Wieso reicht das nicht?

Schauen wir auf die vielfältigen Aufgaben eines Projektleiters, zeigt sich, dass er ein wahres Multitalent sein muss: Er soll planen, organisieren, motivieren, verhandeln und vieles mehr. Dass dieser Eindruck nicht täuscht, zeigt sich beispielsweise an der IPMA-Zertifizierung, denn gemäß dieser müssen sich Projektleiterinnen und Projektleiter aktuell in 133 Kompetenzindikatoren beweisen – gruppiert in 28 Kompetenzelemente! Vor diesem Hintergrund stellt sich die Frage, ob Projektleiter die Besonderheiten ihres jeweiligen Projekts überhaupt noch erkennen oder aufgrund der (zu) hohen Erwartungen häufig dazu neigen, die Prozessschritte und Checklisten unreflektiert abzuarbeiten. Diese Vorgehensweise gibt dem Projektleiter zwar ein gutes Gefühl (eine Scheinsicherheit), alles richtig gemacht zu haben, doch es besteht auch die Gefahr, wesentliche Aspekte des jeweiligen Projekts aus dem Blick zu verlieren.

Ähnlich verhält es sich mit den Vorgehensmodellen: Sie sind oft überfrachtet, sodass die zugrunde liegende Zielsetzung der einzelnen Methoden und Arbeitsschritte kaum noch erkennbar ist. Wie kommt das?

Erfolgreiche Unternehmen wollen stets lernen und sich verbessern. So fließen neue Erkenntnisse und gemachte Erfahrungen laufend in den Prozess ein mit dem Ziel, zukünftige Projekte davon profitieren zu lassen. Es wird aber zu wenig berücksichtigt, dass Projekte sehr unterschiedlich sein können und viele dieser Erfahrungen Einzelereignisse sind, die kaum einen Mehrwert für künftige Projekte darstellen. Des Weiteren werden an Unternehmungen laufend neue normative Vorgaben gestellt, wie beispielsweise IT-Security nach IEC62443 oder ISO27001. Natürlich soll sichergestellt werden, dass auch diese Anforderungen in den Projekten vollständig umgesetzt werden. Was eignet sich dazu besser, als den etablierten Prozess entsprechend zu erweitern? Und zu guter Letzt bildet man die neuesten Trends im Projektmanagement, wie DevOps oder agile Elemente, ebenfalls im Prozess ab.

Alles ist gut gemeint und nachvollziehbar, aber durch die Überforderung der Projektleiter und die Überfrachtung der Vorgehensmodelle ist mehr manchmal zu viel! Um aus diesem Dilemma herauszufinden, gilt es, die Essenz des Projektmanagements zu verstehen. Was meinen wir damit?

## Ziel des Buchs

Projekte sind per definitionem einmalige Vorhaben und weisen von Natur aus einen individuellen Charakter auf. Folglich gibt es nicht *die* eine Projektmanagementmethode, die genau auf dein Projekt passt und alle deine Probleme löst. Daher ist es umso wichtiger, die angewendeten Methoden wie auch die Besonderheiten des eigenen Projekts genau zu verstehen. Wenn man die Essenz im Projektmanagement verstanden hat, lässt es sich leichter beurteilen, was im konkreten Projekt hilfreich sein wird. Bevor also irgendein Prozess oder eine Methode unreflektiert kopiert wird, sollte man verstehen, worum es im eigenen Projekt wirklich geht. So hat man bessere Chancen, mit minimalen Mitteln die expliziten Anforderungen und impliziten Erwartungen der Stakeholder zu erfüllen.

Beispielsweise spielt es keine große Rolle, in welchem Dokumentenmanagementtool man seine Dokumente verwaltet. Es spielt aber eine Rolle, ob man sie versioniert verwaltet oder einfach nur lokal herumliegen hat. In diesem Sinne wollen wir hier nicht Werkzeuge empfehlen oder gar vergleichen, sondern auf wesentliche Praktiken hinweisen, die für den Projekterfolg wichtig sind.

Mit diesem Buch wollen wir die Essenz im Projektmanagement hervorheben, nämlich die Elemente, die man nicht weglassen sollte. Es geht also um die Erkenntnis, warum etwas gemacht werden soll – oder anders formuliert: Es geht um *kapieren statt kopieren*.

Das Buch ist bewusst kompakt gehalten und soll Tipps zu den wesentlichen Projektmanagementbereichen geben, die, zweckmäßig angewendet, den Projekterfolg positiv beeinflussen werden. Es richtet sich zum einen an Projektleiterinnen und Projektleiter, die bereits gewisse Erfahrungen im Projektmanagementumfeld gesammelt haben und so das Ganze besser verstehen und einordnen können. Zum anderen eignet es sich sehr gut für erfahrene Projektmanager, die sich vor dem Start eines neuen Projekts die wesentlichen Erfolgsfaktoren nochmals in Erinnerung rufen möchten oder sich einen frischen Blick auf die Projektleiteraufgaben verschaffen wollen. Hierfür eignet sich die kompakte Buchreihe »kurz & gut« von O'Reilly ebenfalls.

Dieses Buch haben wir bewusst in der Du-Form geschrieben, weil es dich so hoffentlich direkter anspricht und dazu motiviert, das eine oder andere hier Empfohlene im eigenen Projekt auszuprobieren und umzusetzen – darauf kommt es schlussendlich an! Für eine bessere Lesbarkeit verzichten wir bewusst auf das Genderzeichen, meinen aber explizit alle Leserinnen und Leser, was die Du-Form ebenfalls bestens ermöglicht.

Wir sind davon überzeugt, dass dieses Buch hilfreiche und kurzweilige Tipps mit einigen Aha-Effekten rund ums Projektmanagement bietet.

KAPITEL 2

# Projektmanagement auf einen Blick

### REDUCE TO THE MAX!

Wie bereits erwähnt, ist jedes Projekt per definitionem endlich und einzigartig. Basierend auf dieser Einzigartigkeit kann folglich kein vorgefertigtes Vorgehensmodell deinem Projekt umfassend gerecht werden. Daher ist es nicht unsere Absicht, hier einen weiteren Heil bringenden Prozess vorzustellen. Vielmehr haben wir uns Gedanken darüber gemacht, was allen Softwareprojekten gemeinsam ist. Was ist das absolute Minimum, die Essenz, die alle Softwareprojekte auszeichnet?

## Man kommt am Denken nicht vorbei!

Es ist in keiner Weise unsere Absicht, die etablierten Vorgehensmodelle zu kritisieren oder kleinzureden. Alle haben ihre Daseinsberechtigung, sofern man sie richtig einsetzt. Doch unsere Erfahrungen haben gezeigt, dass ein blind übernommenes Vorgehensmodell selten eine echte Unterstützung bietet. Auch noch so viele Vorgaben, Templates, Quality-Gates oder Checklisten garantieren keinen Projekterfolg. Häufig lenken diese lediglich von der eigentlichen Problemstellung ab. Man kümmert sich zu sehr um Prozessthemen, die unter Umständen viel Zeit in Anspruch nehmen, während die Lösung der eigentlichen Problemstellung keinen Schritt vorankommt.

Mit anderen Worten: Wer unreflektiert ein bestehendes Vorgehensmodell übernimmt, ohne daran die für sein eigenes Projekt notwendigen Anpassungen vorzunehmen, hat das Projektmanagement nicht vollumfänglich verstanden. Doch welche Anpassungen braucht nun das Vorgehensmodell für das eigene Projekt? Um diese Frage beantworten zu können, muss man zuerst sein Projekt in all seiner Komplexität erfassen. Dies nimmt dir kein Vorgehensmodell ab. Man kommt somit am Denken nicht vorbei!

## Was haben alle Projekte gemeinsam?

Unser Ansatz beruht auf der Erkenntnis, dass alle Softwareprojekte eine gemeinsame Basis haben. Dies bedeutet, dass es eine Anzahl von Gemeinsamkeiten gibt, die in allen Projekten vorkommt. Die alleinige Erfüllung dieser minimalen Gemeinsamkeiten garantiert zwar längst nicht den Projekterfolg, ist aber eine zwingende Notwendigkeit und kann folglich nicht vernachlässigt werden. Aus unserer Sicht haben alle Softwareprojekte mindestens Folgendes gemeinsam:

- Jedes Projekt hat einen Anfang. Das bedeutet, bei jedem Projekt gibt es einen Zeitpunkt, an dem sich der Projektleiter und sein Team sowie das Projektumfeld zu einer klar definierten Aufgabenstellung bekennen, also ein Commitment abgeben (**Projektstart**).
- Um den Zeitpunkt dieses Commitments zu erreichen, müssen jedem Projekt gewisse planerische Arbeiten vorausgehen (**Vorbereitungsphase**).
- In jedem Projekt gibt es einen bestimmten Zeitpunkt, an dem jemand die Projektresultate abnimmt und das Projektteam aus seinen Pflichten entlässt (**Projektabschluss**).
- Für jedes Projekt wird eingangs irgendwo umschrieben, WAS erreicht werden soll (**Anforderungen**) und WIE dies umgesetzt werden soll (**Architektur**) – und zwar auch dann, wenn die Anforderungen häppchenweise respektive sprintweise vorgegeben werden.
- Jedes Projekt hat einen eigenen **Qualitätsanspruch** und möchte diesen über die gesamte Projektlaufzeit sicherstellen.
- Um der Reproduzierbarkeit und Nachvollziehbarkeit gerecht zu werden, braucht jedes Projekt eine minimale Anzahl an in schriftlicher Form festgehaltenen Informationen (**Dokumentationen**).

- Jedes Projekt benötigt **Ressourcen** wie Mitarbeiter, Infrastruktur, Geld etc. Der Faktor Mensch ist aber entscheidend für den Projekterfolg.
- In jedem Projekt muss darüber Klarheit herrschen, wer welche Aufgaben, Kompetenzen und Verantwortungen hat. Diese werden typischerweise über **Rollen** definiert.
- Jedes Projekt wird geprägt durch sein Umfeld (**Stakeholder**), insbesondere durch die Menschen, die im Rahmen dieses Projekts zusammenarbeiten (**Team**), und deren Interessen und **Beziehungen** untereinander.

# Projektmanagement auf einen Blick

Wie kommt man nun am besten zum Vorgehensmodell für das eigene Projekt? Man könnte hingehen und ein etabliertes Vorgehensmodell so zurechtschneidern (*Tailoring*), bis es für das eigene Projekt passt (Top-down-Ansatz). Ja, das ist möglich, birgt aber die Gefahr, dass man zu viel mitnimmt, weil man unsicher ist, ob man es eventuell doch noch brauchen könnte. Dies ist genau dann der Fall, wenn man sich zuvor nicht die Zeit genommen hat, das eigene Projekt umfassend zu verstehen. Zudem lässt sich aus den etablierten Vorgehensmodellen die eigentliche Essenz des Projektmanagements nicht so einfach herauslesen, da häufig die jeweiligen Besonderheiten des Vorgehensmodells in den Vordergrund gerückt werden.

Eine andere Möglichkeit wäre der Bottom-up-Ansatz. Dieser ist insbesondere bei kleinen und mittleren Projektgrößen sehr empfehlenswert. Geht man davon aus, dass alle Softwareprojekte, wie oben beschrieben, eine minimale Anzahl von Gemeinsamkeiten aufweisen, werden die Besonderheiten des eigenen Projekts deutlich erkennbar. In der nachfolgenden Abbildung 2-1 haben wir versucht, die minimale Anzahl Gemeinsamkeiten darzustellen. Diese helfen dir beim Bottom-up-Ansatz. Die projektspezifischen Eigenheiten müssen noch ergänzt werden. Ja, dies erfordert etwas Erfahrung und mag im ersten Moment abschrecken, doch der Top-down-Ansatz erfordert mindestens so viel Erfahrung und Arbeit – das kannst du uns glauben.

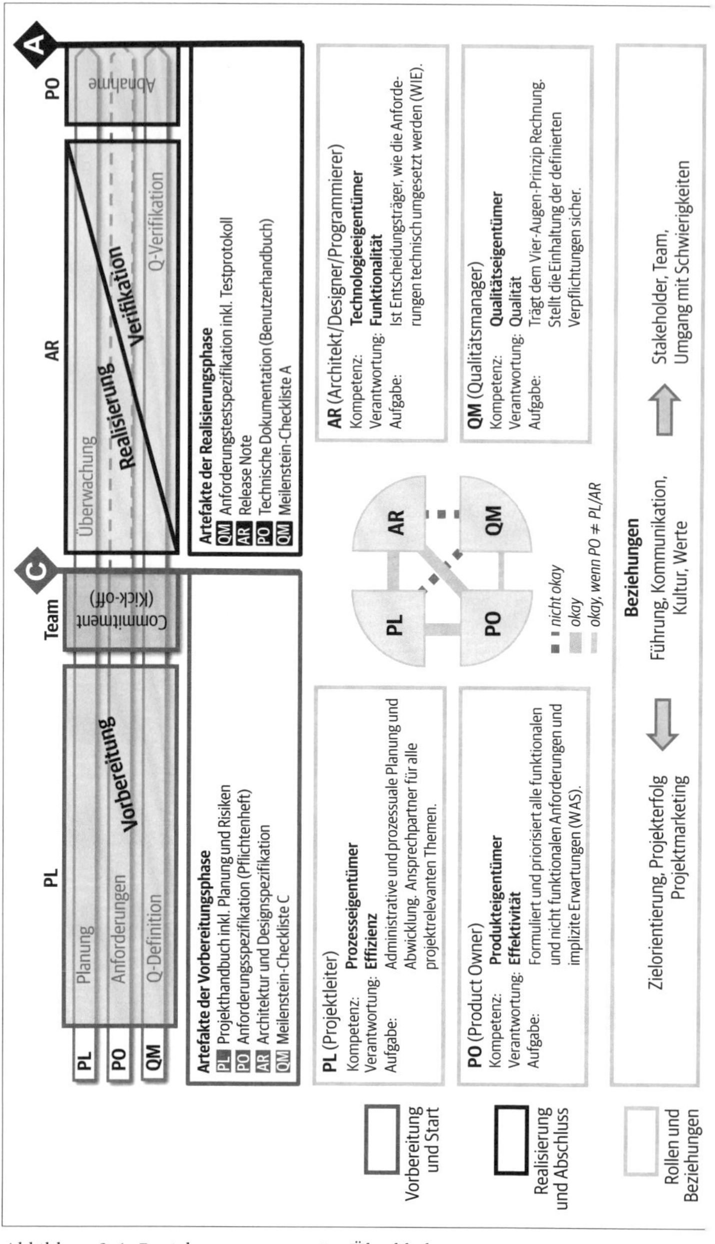


*Abbildung 2-1: Projektmanagement im Überblick*

Ob du den Top-down- oder den Bottom-up-Ansatz für dein Projekt wählst, hängt von vielen Aspekten ab, unter anderem von der Projektgröße, der Komplexität, dem bereits etablierten Vorgehensmodell oder normativen Vorgaben. Das Wichtigste ist jedoch, dass du weißt, wie du dein Projekt strukturieren möchtest und warum du das so machen willst.

Lass die Abbildung 2-1 (siehe Seite 22) bewusst auf dich wirken und komm beim Lesen der Kapitel immer wieder darauf zurück. Sie wird dir beim zweiten und dritten Blick einiges offenbaren! Übrigens kannst du diese Grafik gratis von *https://oreilly.de/produkt/projektmanagement-kurz-gut/* unter »Zusatzmaterial« herunterladen.

## Projekte erfolgreich ins Ziel führen

Als Projektleiter kannst du dich am obigen minimalen Vorgehensmodell orientieren und es um deine Projektspezifika erweitern. Das Vorgehensmodell gibt dir dabei eine Leitlinie für die Umsetzung deines Projekts. Um als Projektleiter aber erfolgreich zu sein, genügt das noch nicht ganz, denn genauso wichtig wie der methodische Teil sind die zwischenmenschlichen Aufgaben im Zusammenhang mit dem Team, den Stakeholdern, der Qualitätskultur oder dem Projektmarketing. Auch diese Themen tragen zum Projekterfolg wesentlich bei und beinhalten Essenzen.

Hast du die aus dem Grundvorgehensmodell und den zwischenmenschlichen Aufgaben hervorgehenden notwendigen Essenzen verstanden, bist du für deine kommenden Projekte sehr gut gerüstet. Trotzdem bleibt noch eine letzte Essenz, die du aber selbst mitbringen musst: *Aktiv sein!* Als Projektleiterin oder Projektleiter gehst du vorneweg, musst stets vorausdenken, aktiv sein, Lösungen suchen und weitermachen!

Alle diese Kernaufgaben werden in den folgenden Kapiteln einzeln besprochen, und die Essenz dieser Kernaufgaben wird aufgezeigt. Dabei soll dir ein stilisiertes Bild der Projektmanagementübersicht (siehe Abbildung 2-1) beim Lesen eine Orientierung bieten. Die markierten Felder geben dir einen Hinweis darauf, welchem Bereich wir das jeweilige Thema zuordnen.

TEIL I

# Vorbereitung und Start

KAPITEL 3

# Projekte planen

## IST KEIN PLAN BESSER ALS EIN VERALTETER PLAN?

In der Projektmanagementliteratur werden verschiedene Projektpläne beschrieben, die für den Erfolg eines Projekts hilfreich sind. Beispiele für Projektpläne sind:

*Tabelle 3-1: Typische Projektpläne*

| Plan | Ziel/Nutzen |
|---|---|
| Projektstrukturplan (PSP) | Strukturierte Sammlung aller Aktivitäten. |
| Meilensteinplan | Überblick über Zwischenziele und Synchronisationspunkte. |
| Terminplan | Wer macht was in welcher Zeit? |
| Balkenplan (Gantt-Chart) | Visualisierung der Ablaufstruktur des Projekts. |

Alle diese Pläne zu erstellen und aktuell zu halten, erfordert viel Arbeit und Disziplin. Sehr schnell stellt sich die Frage nach dem Verhältnis zwischen Aufwand und Nutzen. Einerseits ändern sich ständig die Anforderungen und damit die Planungsbasis, und andererseits wird häufig die Aussage zitiert, dass ein Plan in dem Moment veraltet ist, in dem man ihn speichert. Zudem sind viele dieser Pläne im agilen Umfeld nicht mehr im gleichen Maße aussagekräftig und kommen somit weit weniger zur Anwendung. Macht daher die Erstellung der obigen Projektpläne überhaupt noch Sinn? Reicht es nicht aus, wenn man Sprint für Sprint das Projekt neu beurteilt? Die Antwort dazu ist kurz: »Der Plan ist nichts, die Planung ist alles!« (Dwight D. Eisenhower)

## Durch Planung lernen

Es ist wichtig, einen Terminplan zu erstellen, aber es geht in erster Linie nicht um einen Plan, der nach der Erstellung akribisch abgearbeitet werden soll, sondern vielmehr um den Lerneffekt, der aus der Tätigkeit des Planens hervorgeht. Planen hilft, das Projekt in allen Dimensionen besser zu erfassen und zu verstehen. Die Projektabwicklung erfolgt dann häufig auf Basis von Intuition, basierend auf dem Wissen aus der Planung. Aber auch der Plan an sich hat seinen Nutzen, z. B.

- um die Auswirkungen von Projektstörungen zu erkennen,
- als Basis für die (Projekt-)Kommunikation,
- zur Plausibilisierung des Projekterfolgs (siehe Kapitel 8, *Projekte steuern*) oder auch
- zur Visualisierung eines einheitlichen Projektbilds.

Den ersten Punkt möchten wir besonders herausstreichen. Nur wer einen Plan hat, kann auf dessen Basis die Auswirkungen einschätzen, die durch Veränderungen verursacht werden. Hat man keinen Plan, sind die Zusammenhänge und deren Auswirkungen schlecht bis gar nicht absehbar.

## Beginne mit dem Ende!

Für die Planung braucht es zwei wesentliche Vorbedingungen: Klarheit bezüglich des Ziels und Klarheit bezüglich der Ausgangslage.

### Ziel

Der Plan beschreibt den Weg, über den man ein bestimmtes Ziel erreichen kann. Das bedeutet, man muss sich im Klaren darüber sein, wohin man will und warum man dorthin will. Mach dir daher zuerst Gedanken über dein Ziel. Erstelle danach einen Plan, der den Weg beschreibt, auf dem du an dieses Ziel gelangen kannst. Dabei helfen Fragen wie:

- Wie definiere ich den Erfolg des Projekts?
- Kenne ich die Abnahmekriterien?

### Ausgangslage

Bevor man sich jedoch auf den Weg in Richtung Ziel machen kann, muss man herausfinden, wo man im Moment steht, und zwar hinsichtlich aller Aspekte des Projektmanagements, das heißt bezüglich der Anforderungen, des aktuellen Fertigstellungsgrads, der verfügbaren Ressourcen, der verbleibenden Zeit, der eingesetzten Technologie, des vorhandenen Know-hows, des zugewiesenen Budgets, der angestrebten Qualität etc. (siehe Kapitel 8, *Projekte steuern*).

Erst wenn die Ausgangslage und das Ziel bekannt sind, kann ein realistischer Plan erstellt werden, der aufzeigen soll, wie man glaubt, das Ziel erreichen zu können.

### Tipp

Übrigens gilt dies zu jedem Zeitpunkt des Projekts, denn die Ausgangslage wird sich ständig ändern und in den meisten Fällen auch das Ziel. Die Planung ist also ein ständiger Prozess und kann nicht auf den Projektstart beschränkt bleiben.

## Verändere die Sichtweise auf das Projekt

Es besteht häufig die Gefahr, dass man sich zu lange bei der Detailplanung aufhält und dabei wesentliche Zusammenhänge oder sich abzeichnende Probleme nicht erkennt. Deshalb ist es im Planungsprozess hilfreich, die Sichtweise und die Betrachtungstiefe auf das eigene Projekt ständig zu verändern. Versuche einerseits, dein Projekt aus der Sicht der verschiedenen Stakeholder zu betrachten. Verändere andererseits immer wieder die Betrachtungstiefe deines Projekts, wechsle also zwischen Grob- und Detailplanung hin und her. Dabei müssen die Erkenntnisse, die du aus unterschiedlichen Sichtweisen und der Betrachtungstiefe gewinnst, immer wieder in die Gesamtplanung einfließen.

## Planungstiefe

Eine Planung basiert immer auf Annahmen, die weder absolut genau noch richtig sein müssen. Daraus ergibt sich, dass auch die aus diesen Annahmen abgeleiteten Planungsschritte eine gewisse Unschärfe behalten. Eine zu detaillierte Planung täuscht eine Scheingenauigkeit vor und verleitet zu einem trügerischen Sicherheitsgefühl. Aber auch eine zu grobe Planung birgt Risiken, denn dadurch besteht die Gefahr, dass der aktuelle Fertigstellungsgrad oder mögliche Planabweichungen zu spät erkannt werden.

Was ist nun die richtige Planungstiefe? Die Planungstiefe hängt sowohl von der Vorhersehbarkeit der Projektabwicklung ab als auch von der Qualität der Eingabeparameter, wie beispielsweise die Stabilität der Anforderungen, der Ressourcen, der Mittel und des Umfelds. Diese Aspekte unterscheiden sich von Projekt zu Projekt, dadurch ist die jeweils erreichbare Planungstiefe ebenfalls unterschiedlich. Eine Planung hat eine ausreichende Tiefe erreicht, wenn du die folgenden Aussagen bejahen kannst:

- Ich weiß, wo ich im Projekt stehe, und habe eine klare und realistische Vorstellung davon, wie ich das Projektziel erreichen kann.
- Die Aktivitäten sind klein genug, um verlässlich messen zu können, welchen Fertigstellungsgrad ich erreicht habe (siehe auch Kapitel 8, *Projekte steuern*).
- Meine Stakeholder mit dem Fokus »Grobplanung« und mein Projektteam mit dem Fokus »Detailplanung« kennen meine Vorstellung davon, wie ich das Projektziel erreichen will, sie können die einzelnen Schritte nachvollziehen und danach selbstständig handeln.
- Tauchen in meinem Projektumfeld unvorhergesehene Ereignisse auf, kann ich deren Auswirkungen auf mein Projekt einschätzen, quantifizieren und kommunizieren.

Eine Planung erleichtert es, fristgerecht die richtigen Entscheidungen zu treffen und deren Auswirkungen (dank ausreichender Planungstiefe) zu erkennen.

## Sei gedanklich immer einen Schritt voraus!

Auch wenn das Tagesgeschäft für gewöhnlich die volle Aufmerksamkeit des Projektleiters auf sich zieht, sollte der Hauptfokus immer auf der Zukunft, sprich auf den kommenden Projektphasen liegen. Denke dazu in verschiedenen Szenarien: Was wird respektive könnte auf mein Projekt zukommen? Es geht darum, die wichtigen Aktivitäten der nächsten Phase rechtzeitig zu erkennen und vorzubereiten, das heißt, die dafür notwendigen Voraussetzungen zu schaffen. Denn ein verlorener Tag während der Anfangsphase des Projekts ist genauso schmerzhaft wie ebensolche Tage ganz am Schluss – nur spürt man deren Auswirkung (noch) nicht.

Wie du siehst, ist Planen kein einmaliger Vorgang, sondern ein kontinuierlicher Prozess. Ein Plan hilft dir, zum richtigen Zeitpunkt die richtigen Entscheidungen zu treffen und deren Auswirkungen zu erkennen. Der größte Vorteil eines Plans ist jedoch der Denkprozess, der mit seiner Erstellung verbunden ist. So gesehen, ist ein veralteter Plan besser als kein Plan!

## Essenz

- Verzichte nicht auf den Lerneffekt, den du durch eine umfassende Planung erzielen kannst, denn der *Plan ist nichts*, die *Planung ist alles*!
- Führe das Projekt proaktiv und vorausschauend, basierend auf den Erkenntnissen deiner Planung.
- Stell sicher, dass du immer weißt, wo du im Projekt stehst (Ausgangspunkt) und welche aktuellen Ziele zu erreichen sind.
- Verändere regelmäßig deine Sichtweise und die Betrachtungstiefe auf das Projekt und sei mit der Planung immer einen Schritt voraus.

KAPITEL 4

# Meilensteine definieren

### EIN NOTWENDIGES ÜBEL?

In der Regel können wir ein neues Unterfangen nicht von Beginn an vollständig erfassen. Also versuchen wir, den Weg zum Ziel in Etappen zu unterteilen. Damit ermöglichen wir nicht nur Teilerfolge, die der Motivation dienlich sind, sondern wir schaffen auch Gelegenheiten, um alle Beteiligten zu synchronisieren und den weiteren Weg auf Grundlage der gewonnenen Erkenntnisse neu zu beurteilen.

Welche und wie viele Meilensteine sind denn nun sinnvoll? Da definitionsgemäß jedes Projekt einzigartig ist, sind auch die Gründe für einen Meilenstein unterschiedlich und lassen sich nur bedingt auf andere Projekte übertragen. Wir sind jedoch der Meinung, dass sicher alle Projekte zumindest zwei Meilensteine gemeinsam haben: den Start und das Ende.

## Wann startet ein Projekt?

In den meisten Fällen beginnt ein Projekt mit einer Idee, die sich unter der Dusche, in einem Meeting oder sonst wo zum ersten Mal bemerkbar macht. Danach gibt es diverse Gespräche, in denen die Idee konkretisiert und ihre Machbarkeit geklärt wird. Dieser Prozess kann sich allerdings lange hinziehen. Daher bleibt die Frage: Bei welchem Reifegrad einer Idee startet nun das Projekt?

In jedem Projekt, unabhängig von seinem Charakter, müssen folgende fünf Rahmenbedingungen geklärt sein:

- **Inhalt**: Klarheit über die expliziten Anforderungen (funktional und nicht funktional), die impliziten Erwartungen der Stakeholder und mögliche Risiken (siehe Kapitel 6, *Risiken antizipieren*).

- **Technik**: Klarheit darüber, welche Technologie und welche Basisarchitektur zur Anwendung kommen sollen.
- **Mittel**: Klarheit darüber, welche personellen Ressourcen, welche Infrastruktur und welche Finanzmittel (Budget) zur Verfügung stehen.
- **Kontext**: Klarheit über das organisatorische, regulatorische und kulturelle Projektumfeld und welche Entscheider beziehungsweise Beeinflusser dieses prägen. Klarheit darüber, welche Methoden und Prozesse zur Anwendung kommen.
- **Zeit**: Klarheit darüber, wann welche (Teil-)Resultate geliefert werden müssen und ob eine realistische Planung dazu vorliegt.

Aus unserer Sicht ist es für das Gelingen eines Projekts entscheidend, dass diese fünf Rahmenbedingungen zum Projektstart verbindlich definiert sind. Es geht hier um weit mehr als nur eine formelle Pflicht. Dies ist auch der Zeitpunkt für eine Verpflichtungserklärung (Commitment) aller Stakeholder, insbesondere jedoch des Projektleiters mit seinem Team, das Projekt innerhalb der vorgegebenen Rahmenbedingungen zum Erfolg zu führen. Damit übernimmt das Projektteam die Verantwortung für das Projekt. Diese Verantwortung sollte idealerweise nicht von außen dem Team auferlegt werden, sondern möglichst intrinsisch erfolgen. Das gelingt nur dann, wenn dem Team auch die notwendigen Kompetenzen übertragen werden, das heißt die Möglichkeit, selbst zu entscheiden und so das Projekt zu beeinflussen und mitzugestalten. Commitment ist also die selbst auferlegte Übernahme der Verantwortung für das Projekt.

Man kann jedoch nur ein Commitment erwarten, wenn die obigen fünf Rahmenbedingungen aufeinander abgestimmt und realistisch sind. Somit ist der Zeitpunkt des Projektstarts untrennbar mit einem ernst gemeinten Commitment aller relevanten Rollen verbunden. Nennen wir diesen Meilenstein also C wie *Commitment*.

## Wann ist ein Projekt zu Ende?

Mit der Abgabe des Commitments verpflichtet sich die Projektleitung, im Sinne des Projekts zu handeln. Es ist somit nur fair, wenn der Auftrag auch wieder ein definiertes Ende hat. Ist dieser Zeitpunkt nicht klar definiert, zieht sich ein Projekt endlos in die Länge, es blockiert wertvolle Ressourcen und verschlingt unnötig viel Geld.

Um der Entstehung dieses Problems entgegenzuwirken, müssen die Abnahmebedingungen und die zu erwartende Qualität des Projekts von Beginn an klar festgehalten werden:

- Wer nimmt die Projektresultate (funktionale und nicht funktionale Anforderungen) ab?
- Werden die vereinbarten Qualitätsziele eingehalten?
- Welche Beurteilungskriterien werden für die genannten Punkte herangezogen?

Je klarer und eindeutiger die Abnahmebedingungen formuliert sind, desto einfacher wird es, das gesamte Projektteam darauf auszurichten. Damit steigen auch die Erfolgschancen des Projekts. Mit der Abnahme und der damit verbundenen Anerkennung werden Projektleiter und Projektteam dauerhaft von ihrer Verpflichtung (Commitment) entlastet. Nennen wir diesen Meilenstein also A wie *Abnahme* (siehe Kapitel 11, *Projekte abschließen*).

## Was passiert dazwischen?

Selbstverständlich gibt es noch weitere sinnvolle Meilensteine, die helfen können, ein Projekt erfolgreich zu strukturieren. Dies hängt jedoch stark von der Art des Projekts ab. Da die Meilensteine immer den Sinn und Zweck des Sich-Synchronisierens haben, nennen wir solche Zwischenmeilensteine S wie *Synchronisation* (z.B. S1, S2 etc.).

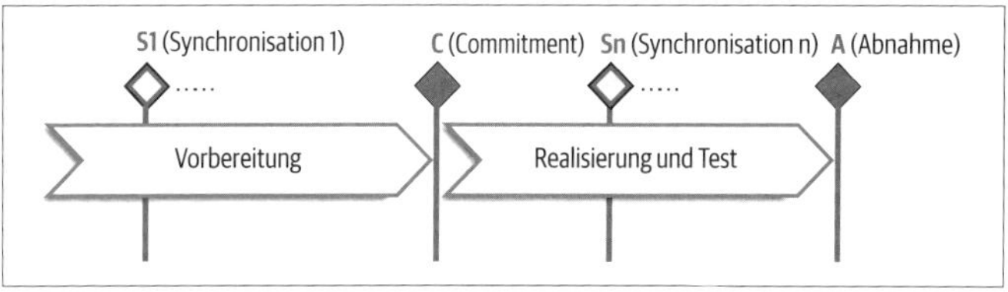


*Abbildung 4-1: Minimale Anzahl der Meilensteine im Projekt*

**Tipp**

Selbst wenn es in deinem Projekt außer den beiden Meilensteinen *Commitment* und *Abnahme* keine weiteren inhaltlich sinnvollen Meilensteine gibt, kann es trotzdem hilfreich sein, zusätzliche Meilensteine einzusetzen – beispielsweise wenn ein Projekt eine sehr lange Laufzeit hat. Es besteht ansonsten die Gefahr, dass der Projektfokus unmerklich davondriftet. Eine regelmäßige Synchronisation aller Beteiligten hilft, Abweichungen vom Plan frühzeitig zu erkennen.

## Was ist wichtig beim Erreichen eines Meilensteins?

Ein Meilenstein ist ein Etappenziel, entsprechend wird hier geprüft, ob man die vorher festgelegten Ergebnisse erreicht hat (Phasenabschlusskriterien) und ob die für die folgende Phase notwendigen Voraussetzungen erfüllt sind (Entry-Kriterien). Ein Meilenstein bedeutet also immer einen Blick zurück und einen Blick nach vorn. Die Beurteilung der Erreichung dieser beiden Kriterien soll zusammen mit allen relevanten Rolleninhabern geschehen. Dabei soll jede Rolleninhaberin und jeder Rolleninhaber bezüglich des eigenen Aufgabengebiets (z.B. Architekt, Qualitätsmanager etc.) bestätigen, dass alles Notwendige erreicht wurde (siehe Kapitel 12, *Rollen definieren*). Wichtig ist die *ehrliche Beurteilung* des Erreichten und des noch zu Erledigenden. Dies ist eine Kulturfrage!

Wir erwähnen das, weil allzu oft Meilensteine trotz unvollkommener Ergebnisse als erreicht taxiert werden, um mögliche Schwierigkeiten zu verbergen. Damit wird der Sinn und Zweck eines Meilensteins natürlich ad absurdum geführt.

Zurück zur Anfangsfrage, ob Meilensteine ein notwendiges Übel sind. Die Antwort lautet: Ja, sie sind notwendig, und nein, sie sind kein Übel, sondern eine wichtige Hilfestellung, um dein Projekt zu strukturieren. Es gilt: so viel wie nötig, so wenig wie möglich (Meilensteine). Das bewusste Leben und Hochhalten der Wichtigkeit einer Meilensteinerklärung ist der wesentliche Schlüssel und erzeugt im Vorfeld einen positiven Druck auf das Projektteam, das nächste Etappenziel möglichst vollständig und in guter Qualität zu erreichen.

## Essenz

- Nutze die Meilensteine, um dir bewusst zu machen, ob die gesteckten Etappenziele wirklich erreicht wurden und die Voraussetzungen für die nächsten Schritte gegeben sind.
- Die ehrliche Beurteilung, ob ein Meilenstein tatsächlich erreicht wurde, ist auch eine Projektkulturfrage, die eine Signalwirkung ins ganze Team hat.
- Meilensteine geben einen grundlegenden Überblick über den aktuellen Projektstand und helfen dir, deinem Team und den restlichen Stakeholdern, euch zu synchronisieren und alle auf den gleichen Wissensstand zu bringen.

# KAPITEL 5

# Ressourcen managen

## BESSER FRÜH ALS SPÄT!

Wann benötige ich wie viele Mitarbeiter, um das Projekt termingerecht fertigzustellen? Kann ich mein Projekt mit zusätzlichen Mitarbeitern beschleunigen, und was heißt das? Solche und ähnliche Fragen stellen sich dem Projektleiter zu Projektbeginn und gehören zum Ressourcenmanagement. Dieses umfasst grundsätzlich die Planung und den Einsatz von Finanzmitteln, Material und Personal in einem Projekt. Da das Personal in Softwareprojekten jedoch den größten Kostenblock bildet, kommt diesem eine besondere Bedeutung zu.

Für ein erfolgreiches Projekt sind aus Ressourcensicht vor allem zwei Fragen entscheidend: Haben wir die richtigen Leute, und haben wir genug Leute? In diesem Kapitel gehen wir auf die Frage nach *genug* Leuten ein. Die Frage nach den *richtigen* Leuten vertiefen wir im Kapitel 14, *Teams bilden*.

## Wie viel sind genug?

Das Ressourcenmanagement beginnt bereits in der Planungsphase. Hier stellen wir einen Ressourcenplan auf, in dem wir aussagen, wann wir wie viele Mitarbeiter während des Projekts benötigen werden. Als Basis für diese Schätzungen dienen uns der Terminplan und die im Voraus abgeschätzten Arbeitspakete. Diese positionieren wir entsprechend auf dem Zeitstrahl der Terminplanung und erhalten so unser Ressourcengebirge. War doch einfach, und wo liegt nun das Problem?

Die Schwierigkeit liegt in der Gestaltung der Ressourcen-Hüllkurve. Dabei stellt sich die Frage, ob man zuerst klein beginnen und nach und nach das Team erweitern oder ob man gleich mit voller Stärke starten soll – und kann.

Bevor wir der Beantwortung dieser Frage genauer nachgehen, eine generelle Bemerkung: Die Ressourcen-Hüllkurve eines Softwareentwicklungsprojekts lässt sich nur in einem gewissen Rahmen sinnvoll gestalten und kann nicht beliebig geformt sein.

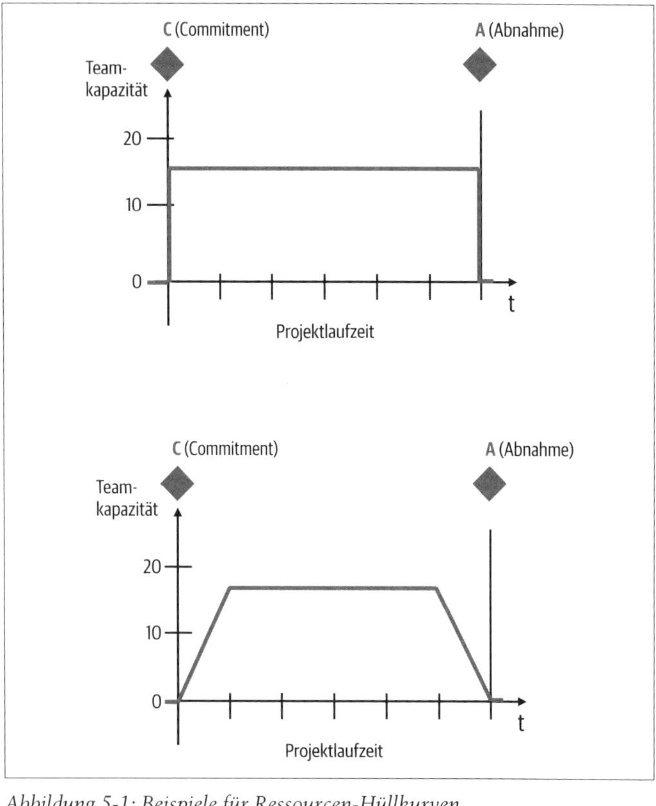


*Abbildung 5-1: Beispiele für Ressourcen-Hüllkurven*

Am einfachsten lässt sich dies anhand eines extremen Beispiels erläutern: Würde man die Hüllkurve rechteckig gestalten, wären vom ersten Tag an alle Mitarbeiter am Projekt am Start, sie würden die ganze Projektlaufzeit über dabeibleiben und am letzten Tag geschlossen aufhören (siehe Abbildung 5-1, oben). Vielleicht wäre dies sogar ein idealer Verlauf. Aus Sicht eines »optimalen Ressourceneinsatzes« (von Kosten und Personal) ist dies aber kaum machbar. Es wäre z.B. schwierig, alle Mitarbeiter ab dem ersten Tag gewinnbringend im Projekt einzusetzen.

Vielmehr gilt es, einen ausgewogenen Start zu finden, eine mittlere Phase mit maximaler Stärke und ein bewusstes Auslaufen und Beenden des Projekts. Die Hüllkurve sollte also »optisch« plausibel sein. Gut ist eine Art Trapezform (siehe Abbildung 5-1, unten), schwierig sind hingegen die Sägezahnform oder andere große Schwankungen. Zu berücksichtigen ist dabei, dass das Verändern der Kurve automatisch bedeutet, Personen ins Projekt aufzunehmen und zu integrieren oder diese eben aus dem Projekt zu entlassen – inklusive ihres gewonnenen Projektwissens. Beides führt zu einer gewissen Trägheit und beeinflusst die Gestaltung der Hüllkurve und die Produktivität des Teams.

Schauen wir uns nun die drei Phasen *Start*, *Mittelteil* und *Projektabschluss* der Hüllkurve genauer an.

## Projektstart

Grundsätzlich ist es das Ziel, einen raschen Projektstart und Aufbau des Teams zu erreichen, denn je früher neue Leute im Team mitarbeiten, desto länger hat das Projekt hiervon einen Nutzen. Damit keine unnötigen Fehlleistungskosten durch schlecht ausgelastete Mitarbeiter entstehen, müssen vor dem eigentlichen Projektstart zunächst alle erforderlichen Vorbereitungen getroffen werden. Dazu gehören unter anderem Entscheidungen über die Basisarchitektur, eine funktionierende Entwicklungsumgebung oder ein Proof of Concept. Sobald diese Rahmenbedingungen geschaffen sind, kann man mit dem weiteren Aufbau loslegen, ganz nach dem Motto: Jeder verlorene Tag zu Beginn des Projekts ist genauso störend wie ein solcher ganz zum Schluss.

### Mittelteil

Der Mittelteil des Projekts ist idealerweise dadurch geprägt, dass ein eingespieltes Team möglichst produktiv mit der Umsetzung der Arbeitspakete beschäftigt ist. Alle wissen, was zu tun ist, und leisten ihren Beitrag. Will man erst in dieser Phase das Team massiv erweitern, hat das merkliche Konsequenzen für den Endtermin, wie wir später noch sehen werden.

Eine Gefahr in dieser Phase besteht darin, dass das Projekt von außen betrachtet gut unterwegs ist und Manager sich dazu verleiten lassen, deine Ressourcen für »Projekte in Not« abzuziehen. Sende in solch einem Fall als Projektleiter klare Signale, zeige die Konsequenzen für dein Projekt auf und halte dies schriftlich fest. Spätestens beim Projektabschluss kann dir das helfen!

### Projektabschluss

Der Projektabschluss ist eine wichtige Phase und kann unterschiedlich ausfallen, je nachdem, ob das Projekt in Not ist oder nicht. Ein ungenügend organisiertes Ende verursacht sofort Mehrkosten und kann den Projekterfolg zunichtemachen.

## Zweimal fünfzig ist nicht hundert

Produktivität im Projekt entsteht vor allem dann, wenn die Projektmitglieder exklusiv für ein Projekt arbeiten. Sobald jemand nur in Teilzeit dem Projekt zur Verfügung steht, sinkt die Leistungsfähigkeit massiv.

Warum das? Ständige Taskwechsel zwischen verschiedenen Projekten erfordern regelmäßiges Eindenken ins aktive Projekt, Teilzeitmitarbeiter stehen dem restlichen Team für auftretende Fragen nicht rasch genug zur Verfügung und haben oft nicht dasselbe Commitment zum Projekt. Zudem steigt mit der Anzahl der Projektmitglieder der Kommunikationsaufwand.

So gesehen, sind zwei Projektmitglieder à 50 % weniger produktiv als ein Projektmitglied à 100 %.

Daher gilt es, die Arbeiten konsequent und entschlossen abzuschließen (siehe Kapitel 8, *Projekte steuern*) und die Mitarbeiter bewusst aus dem Projekt zu entlassen, um die Finanzen im Griff zu behalten. Dabei musst du der Versuchung widerstehen, zu glauben, dass nur der bisherige Projektmitarbeiter seine ihm übertragene Aufgabe bewältigen kann. Stattdessen gilt es, einzelne Kolleginnen und Kollegen aus dem Projekt zu entlassen und deren Aufgaben auf die verbliebenen Teammitglieder umzuverteilen. Das funktioniert besser, als man denkt, ist aber mit Aufwand verbunden. Scheue dich nicht, es zu tun!

## Mehr ist zuerst weniger

Der Ressourcenverlauf ist geplant, und wir starten ins Projekt. Im Verlauf des Projekts werden plötzlich weitere Ressourcen benötigt, und es stellt sich die Frage, was das bedeutet. Schauen wir dazu an, was geschieht, wenn wir neue Mitglieder ins Projektteam aufnehmen.

Kommt ein neuer Mitarbeiter ins Projekt, gilt es, diesen gut einzuführen, damit er rasch produktiv ist und seinen Projektbeitrag leisten kann. Dies führt zu folgendem Effekt (siehe Abbildung 5-2): Zu Beginn ist der Projektbeitrag des neuen Mitarbeiters noch gering, er nimmt erst im Laufe der Einarbeitung zu, bis der Mitarbeiter zum Schluss seine volle Leistung entfaltet. Bei einer ihm zur Seite gestellten erfahrenen Mitarbeiterin sieht das etwas anders aus. Aufgrund ihrer Betreuungsaufgabe sinkt anfänglich ihre bisherige Leistung, sie kehrt aber mit fortschreitender Einführung und abnehmendem Betreuungsaufwand vollständig zurück, bis beide Mitarbeiter jeweils wieder ihre volle Leistung erbringen. Dazwischen liegt der Break-even-Punkt. Vor diesem Punkt beträgt die Summe der Leistungen der beiden Teammitglieder weniger als ohne den neuen zusätzlichen Mitarbeiter. Erst wenn dieser Punkt überwunden ist, beginnt sich die zusätzliche Leistung durch den neuen Mitarbeiter bemerkbar zu machen.

Was heißt das nun für dein Projekt? Der oben beschriebene Effekt führt zu mehreren Erkenntnissen. Da mit dem Mitarbeiteraufbau zeitweise eine Leistungseinbuße einhergeht, lohnt es sich, diesen

Aufbau frühzeitig und vorausschauend anzugehen – oder wie schon Frederick P. Brooks gesagt hat: »Adding human ressources to a late software project makes it later!« [Bro95]

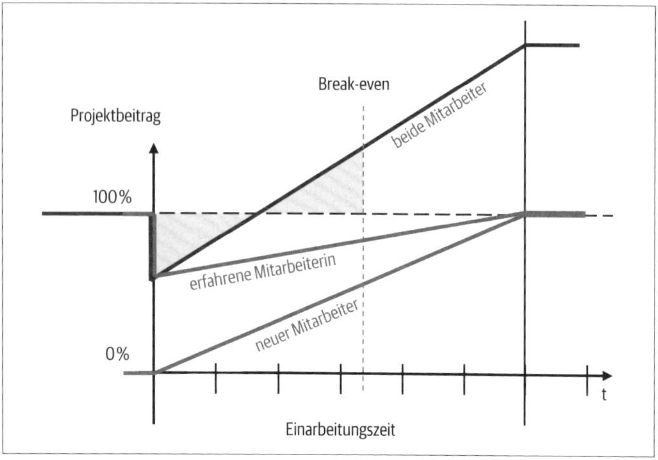


*Abbildung 5-2: Aufwand für eine Mitarbeitereinführung*

Des Weiteren macht sich dieser Effekt sehr viel stärker bemerkbar, wenn man im Verhältnis zu der bestehenden Teammitgliederanzahl sehr viele neue Mitarbeiter ins Projekt holt. Dann sind nämlich fast alle gleichzeitig damit beschäftigt, einen oder mehrere neue Mitarbeiter einzuarbeiten. Das Projekt kommt dann vorübergehend fast zum Stillstand.

Man kann also ein Softwareprojekt in einer späten Phase durch zusätzliche Ressourcen nicht beschleunigen. Das einzige Mittel, ein Projekt in der Endphase trotzdem ein wenig stärker voranzutreiben, ist, sicherzustellen, dass alle Teammitglieder nur noch eine Aufgabe haben, nämlich das Projekt.

Berücksichtige in deiner Termin- und Kostenplanung diese Maßnahmen und kommuniziere sie aktiv nach außen, um die Erwartungshaltung deiner Stakeholder bewusst zu steuern. Denn zu verlockend und verbreitet ist im Management der Gedanke, dass mit zusätzlichen Ressourcen alles viel rascher vorangeht. Unabhängig davon gilt im Ressourcenmanagement: besser früh als spät!

# Essenz

- Fahre dein Projekt rasch hoch, um so einen langen Nutzen aus der maximalen Produktivität des gesamten Projektteams zu ziehen.
- Für den Mitarbeiteraufbau während des Projekts gilt: lieber früher als später!
- Zusätzliche Ressourcen zu einem verspäteten Projekt hinzuzufügen, macht es noch später – was hilft, ist der Fokus aller auf dieses eine Projekt.
- Kümmere dich in der Abschlussphase besonders um den Ressourceneinsatz in deinem Projekt, denn hier steht rasch der gesamte Projekterfolg auf dem Spiel.

## KAPITEL 6

# Risiken antizipieren

### WELCHEN WERT HAT RISIKOMANAGEMENT?

Ein Projekt ist definitionsgemäß einzigartig und in seiner Laufzeit beschränkt. Aufgrund dieser Einzigartigkeit ist klar, dass zu Beginn nicht alle Projektaspekte erkannt werden können, weil es dafür noch keine Erfahrungen geben kann. Mit anderen Worten: Ein Projekt birgt immer Risiken und damit potenzielle Schwierigkeiten. Es wäre töricht, diese Schwierigkeiten nicht in die Planung miteinzubeziehen. Dazu braucht jedes Projekt einen Handlungsspielraum, um den auftretenden Schwierigkeiten begegnen zu können. Dieser Handlungsspielraum erfordert eine *Projektreserve*, deren Bereitstellung das Risikomanagement ermöglicht.

## Risiken erfassen

Damit die oben beschriebenen Projektreserven in das Projektbudget einfließen können, müssen bereits in der Planungsphase mögliche Risiken erfasst und bewertet werden. Das dafür nötige Vorgehen wird in der Literatur häufig in den nachfolgenden vier Prozessschritten zusammengefasst:

- **Erfassung**: Systematische Erfassung in einem »Risikoworkshop« mit Fachkräften.
- **Bewertung**: Ermittlung der Schadenshöhe und der Eintrittswahrscheinlichkeit.
- **Entgegnung**: Planen von Maßnahmen zur Minimierung der Risiken.
- **Überprüfung**: Regelmäßige Überprüfung der Vollständigkeit, der Aktualität und der Bewertung der angenommenen Risiken.

Diese Prozessschritte sind richtig und wichtig, doch seien wir ehrlich: Wer kann die Eintrittswahrscheinlichkeit eines potenziellen Risikos schon voraussagen? Während die Ermittlung der Schadenshöhe noch mehr oder weniger seriös abschätzbar ist, kann die Festlegung der Risikoeintrittswahrscheinlichkeit lediglich auf einer Annahme beruhen, weil es dafür in den meisten Fällen noch keine Erfahrungen gibt. So wie sich beispielsweise die Veränderung des Wechselkurses nicht vorhersagen lässt, so kann man auch nicht den Verlust einer personellen Schlüsselressource aufgrund von Krankheit, Unfall oder Kündigung vorausbestimmen. Jeder dafür eingesetzte Prozentwert ist entsprechend unseriös (vgl. [Doe14]).

Ist also die systematische Erfassung der Risiken überhaupt sinnvoll? Wäre es nicht effizienter, z.B. einfach 7% des Projektvolumens als Risiko auszuweisen?

Wir sind der festen Überzeugung, dass ein seriöses Risikomanagement trotz allem sehr sinnvoll ist, und zwar aus zwei Gründen: erstens aufgrund der Transparenz und zweitens aufgrund des damit verbundenen Denkprozesses.

## Transparenz bewahren

Einen undefinierten Risikozuschlag wird das Management respektive der Auftraggeber kaum gutheißen. Dagegen ist eine detaillierte Auflistung möglicher Risiken transparent und nachvollziehbar. Allenfalls gibt es unterschiedliche Einschätzungen die Eintrittswahrscheinlichkeit betreffend oder die Schadenshöhe einzelner Risiken, doch grundsätzlich stößt ein nachvollziehbares Risikomanagement auf Akzeptanz.

Ebenfalls aus Transparenzgründen sollten die Projektrisiken zentral verwaltet werden. Es gilt zu vermeiden, dass jeder Entwickler versteckte Reserven in seiner Aufwandsabschätzung einplant. Dadurch würde das Projekt nicht nur sehr viel teurer werden, sondern man würde auch die Chance verpassen, als Organisation bei Schätzungen zu lernen. Dies ist nur dann möglich, wenn die echten Schätzungen nachträglich mit den effektiven Kosten verglichen werden können. Dieser Lernaspekt folgt der Frage, warum wir diese

Komponente über- oder unterschätzt haben. Sind in den Abschätzungen versteckte Risiken enthalten, ist ein Vergleich unbrauchbar und damit auch kein Lerneffekt möglich.

## Projekt gedanklich abschreiten

Das Risikomanagement ist jedoch weit mehr als nur die Auflistung und Gewichtung der möglichen Risiken und die Bildung einer Projektreserve als Absicherung gegenüber ungeplanten Störgrößen. Der eigentliche Wert besteht darin – wie bereits im Kapitel 3, *Projekte planen* beschrieben –, das Projekt und damit die eigentliche Aufgabenstellung mit all ihren Abhängigkeiten und Einschränkungen, aber auch äußeren Einflüssen möglichst abschließend erfassen zu können. Sich darüber Gedanken zu machen, welche Aspekte und Kräfte den Projekterfolg einschränken oder sogar verhindern könnten, hilft, die Aufgabenstellung und damit das Projekt in seiner Ganzheit zu verstehen. Wichtig ist, dass du dies mit dem gesamten Projektteam tust: Versucht dabei, das Projekt gedanklich von Anfang bis zum Schluss abzuschreiten mit dem Fokus darauf, was auf dem Weg alles schiefgehen könnte. Dieser Austausch macht dir deutlich, in welches Umfeld dein Projekt eingebettet ist, und hilft dir bei deinen täglichen Entscheidungsfindungen. Denke also immer einen Schritt voraus und frage dich ständig, was dein Projekt in Gefahr bringen kann!

## Risiken minimieren

Das alleinige Vorhandensein von Projektreserven reicht nicht aus, um die Projektrisiken zu minimieren. Darüber hinaus sind, wie oben beschrieben, konkrete Maßnahmen zu definieren, die das Eintreffen der erkannten Risiken verhindern oder minimieren. Diese Maßnahmen müssen bereits in die Projektplanung einfließen, damit die dafür notwendigen Mittel und Ressourcen reserviert und eingeplant werden können.

Damit hört jedoch die Risikominimierung nicht auf. Wie die Risiken müssen auch deren Gegenmaßnahmen regelmäßig überprüft werden. Dies kann unter Umständen zu einer Anpassung der Planung führen. Ist ein Projekt, z.B. aufgrund seiner hohen Komplexität, mit besonders vielen Risiken belegt, empfehlen wir, als Risikominimierung ein Vorgehensmodell auszuwählen, das ein schnelles Lernen erlaubt. Schnelles Lernen, auch häufig mit *Fail-Fast* umschrieben, erreicht man insbesondere durch kurze Feedback-Schleifen, wie sie in agilen Vorgehensmodellen festgelegt sind. In diesen Vorgehensmodellen steuert man stark den Inhalt – dieser ist bewusst variabel gehalten und hilft so, die Risiken zu minimieren.

Risiken, deren Eintrittswahrscheinlichkeit mit nahezu 80% eingeschätzt wird, sind keine Risiken mehr, sondern stellen ein reales Problem dar. Reale Probleme sind konkret und planbar. Dazu ist keine Minimierung notwendig, stattdessen sind konkrete Umsetzungsmaßnahmen gefordert. Solche Risiken gehören daher nicht in die Risikoliste.

## Risiken überwachen

Ob du mit deinem Risikomanagement auf dem richtigen Weg bist, zeigt dir deine totale Risikohöhe. Diese sollte im Verlauf deines Projekts sinken, weil sich die Sicherheit in puncto Risiken mit den fortschreitenden Bewertungen laufend verbessern muss. Ist das nicht der Fall, sollten bei dir die Alarmglocken klingeln. Um dies festzustellen, benutze die Risikosumme als Metrik und stell sie grafisch dar. Die nachfolgende Abbildung 6-1 zeigt eine mögliche Risikoverfolgung mit linear verlaufender Risikoerwartungsbandbreite.

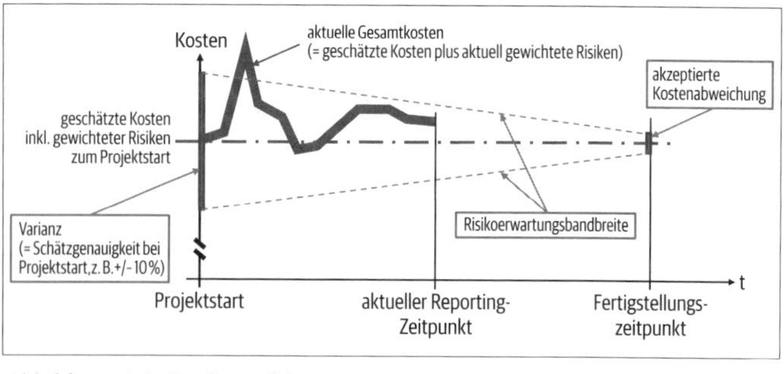


*Abbildung 6-1: Risikoverfolgung*

Ein Risikomanagement entspricht letztlich dem Umgang mit Schwierigkeiten. Schwierigkeiten sind schwer einschätzbar und folglich nicht exakt vorhersehbar. Der eigentliche Wert des Risikomanagements liegt im Denkprozess und in dem Definieren und Einplanen von Projektreserven. Aber all dies nützt nur etwas, wenn man bei auftretenden Schwierigkeiten rasch und bestimmt aktiv wird und so seine Handlungsfähigkeit im Projekt aufrechterhält – und das als Team.

## Essenz

- Die Erfassung und Beurteilung von Risiken sind mit viel Unschärfe behaftet – und trotzdem solltest du sie durchführen.
- Der Denkprozess beim Risikomanagement hilft dir, dein Projekt umfassend zu verstehen.
- Ein transparentes Risikomanagement verschafft dir eine akzeptierte Projektreserve und stellt damit deine Handlungsfähigkeit im Projekt sicher.
- Risiken und deren Gegenmaßnahmen müssen laufend überprüft werden. Sei aktiv und gedanklich immer einen Schritt voraus (agieren statt reagieren).
- Es besteht ein direkter Zusammenhang zwischen Projekterfolg und dem Umgang mit auftretenden Schwierigkeiten. Das Risikomanagement ist eine wichtige Methode im Umgang mit Schwierigkeiten im Projekt, daher ist Projektmanagement im Kern Risikomanagement!

KAPITEL 7

# Projekte starten

## EIN PROJEKT MEHR – WEN KÜMMERT DAS?

Die Frage »Wann beginnt ein Projekt respektive dessen Vorbereitung?« lässt sich nicht immer klar beantworten. Beginnt das Projekt bei der ersten Idee, während des Joggens oder erst dann, wenn die ersten ernsthaften Probleme beim Management angekommen sind? Wie immer liegt die Wahrheit wohl irgendwo dazwischen. Aber ist das wirklich so wichtig? Ein guter Projektabschluss ist doch das Einzige, was zählt, oder?

Unsere Erfahrung hat gezeigt, dass ein guter Projektstart wesentlich zum Projekterfolg beiträgt. So, wie ein Projekt startet, so endet es auch. Dies bedeutet, es gibt eine gute Chance, ein Projekt erfolgreich zu beenden, nämlich dann, wenn dem Projektende bereits beim Projektstart Rechnung getragen wird. Führe deshalb den Projektstart bewusst herbei.

## Was braucht es für einen Projektstart?

Es ist uns sehr wichtig, an dieser Stelle nochmals zu erwähnen, dass jedes Projekt, unabhängig von der Größe oder der Domäne, Klarheit über folgende Projektparameter gewinnen muss:

- **Inhalt**: Klarheit über die expliziten Anforderungen (funktional und nicht funktional), die impliziten Erwartungen der Stakeholder und mögliche Risiken (siehe Kapitel 6, *Risiken antizipieren*).
- **Technik**: Klarheit darüber, welche Technologie und welche Basisarchitektur zur Anwendung kommen sollen.

- **Mittel**: Klarheit darüber, welche personellen Ressourcen, welche Infrastruktur und welche Finanzmittel (Budget) zur Verfügung stehen.
- **Kontext**: Klarheit über das kulturelle, organisatorische und regulatorische Projektumfeld und welche und Entscheider beziehungsweise Beeinflusser dieses prägen. Klarheit darüber, welche Methoden und Prozesse zur Anwendung kommen.
- **Zeit**: Klarheit darüber, wann welche (Teil-)Resultate geliefert werden müssen und ob eine realistische Planung dazu vorliegt.

Diese Informationen müssen *zeitgleich* mit dem Projektstart in ausreichender Qualität zur Verfügung stehen. Wenn nur einer der obigen Projektparameter fehlt, kann dein Projekt sehr schnell in Schieflage geraten:

- Fehlen beispielsweise klare Anforderungen, wird sich das Projekt in die falsche Richtung bewegen, und das Projektziel wird nie erreicht werden. Fehlen Qualitätsvorgaben, ist die Chance sehr groß, dass implizite Kundenerwartungen nicht erfüllt werden (siehe Kapitel 9, *Softwarequalität beeinflussen*). Die Unzufriedenheit des Kunden wird dann zu leidigen Diskussionen darüber führen, ob ein unerwartetes Systemverhalten nun einen Fehler darstellt (Sicht des Kunden) oder ob es sich um eine zusätzliche Anforderung handelt (Sicht des Herstellers).
- Fehlt eine grobe technische Lösungsidee, kann der Projektumfang nicht abgeschätzt werden, denn Anforderungen müssen immer eine Technologie respektive eine Grobarchitektur gegenübergestellt werden, damit eine realistische Aussage über den erwarteten Aufwand getroffen werden kann.
- Fehlen die notwendigen personellen Mittel oder hast du die falschen Mitarbeiter an Bord, kann das Projekt nie Fahrt aufnehmen, und die Meilensteine können nicht eingehalten werden. Ähnlich verhält es sich, wenn die finanziellen Mittel nicht geklärt sind. Dem Projekt droht dann ein vorzeitiger Abbruch oder – noch schlimmer – ein unbestimmter Projektstopp. Im letzteren Fall sind nicht nur die Termine nicht mehr haltbar, sondern in den meisten Fällen auch die zugesagten Ressourcen weg.

- Fehlt eine konkrete Vorstellung vom Vorgehen, dem Prozess und den dazugehörigen Rollen, bleiben auch die Verantwortlichkeiten ungeklärt – was meistens zu vielen internen Streitigkeiten führt und das Projekt verlangsamt. Fehlt zudem die Kenntnis über die relevanten Entscheider und deren Beeinflusser, können diese auch nicht rechtzeitig abgeholt werden, was im schlimmsten Fall zu einem Projektabbruch führen kann.
- Fehlt ein eindeutiger Zeitplan, verliert das Projekt die notwendige Aufmerksamkeit und Priorität. Andere Projekte erheben Anspruch auf dieselben Ressourcen und werden sie zugesprochen bekommen.

Du tust also gut daran, die obigen Aspekte in der Vorbereitungsphase (Machbarkeitsphase) abschließend zu klären.

## Projektstart in agilen Projekten

Gelten die obigen Startbedingungen auch für agile Projekte?

Definitiv, wohl wissend, dass bei agilen Projekten nicht alle Anforderungen von Beginn an bekannt sind respektive sein können. In diesem Fall beschränkt man sich auf das, was zu dem jeweiligen Zeitpunkt bekannt ist. Das Wesentliche ist, dass sich das Projektteam für das Vorhaben committen kann.

Auch agile Projekte werden nicht als Selbstzweck gestartet, sondern folgen einem klaren Projektziel, das innerhalb einer bestimmten Zeit und in einem vorgegebenen Budgetrahmen erreicht werden muss (siehe Kapitel 8, *Projekte steuern*). Auch wenn die Softwarearchitektur zum Projektstart noch nicht vollständig bekannt ist, hat man in der Regel eine Vorstellung von der einzusetzenden Technologie.

Die Aspekte der Ressourcenbereitstellung unterscheiden sich bei agilen Projekten kaum von denen herkömmlicher Projekttypen. Einzig die Zufriedenstellung der impliziten Erwartungen ist durch das iterative Vorgehen einfacher zu erkennen und zu implementieren. Die Definition und die Einhaltung eines gemeinsamen Qualitätsanspruchs bleiben aber bei allen Projekttypen gleich.

Haben wir nun alles für den definierten Projektstart beisammen? Ein entscheidender Aspekt fehlt, und dieser ist weder technischer noch organisatorischer, sondern emotionaler Natur: das Commitment aller Projektbeteiligten inklusive der Stakeholder.

## Projekt-Kick-off – die Wirkung nach innen

Unsere Erfahrungen zeigen, dass Projekte, bei denen eine hohe Projektidentifikation aller Beteiligten vorhanden ist, nicht nur einen stärkeren Teamspirit entstehen lassen, sondern auch eine höhere Produktivität. Es ist also ratsam, die Voraussetzungen dafür zu schaffen, dass eine hohe Projektidentifikation entstehen kann. Ein wichtiges Mittel dafür ist der Projekt-Kick-off.

Die Ziele eines Projekt-Kick-offs sind folgende:

- Allen Projektbeteiligten klarzumachen, um was es im Projekt geht, wobei der Fokus insbesondere auf dem Resultat, also dem Projektziel liegen sollte. Dabei wird der Wert des Projekts vermittelt (lohnendes Ziel). Das Projektziel sollte für alle realistisch und sinnvoll sein.
- Werte und Regeln dazu festzulegen, wie man zusammenarbeiten möchte und wie das Projekt abgewickelt werden soll (Basis für Projektkultur).
- Transparenz zu schaffen. Die bis dato erkannten Projektrisiken müssen allen bekannt sein.
- Eine Plattform zu schaffen, über die sich die Projektbeteiligten gegenseitig kennenlernen können, aber auch die Möglichkeit erhalten, ihre persönlichen Ansichten zum Projekt einzubringen.
- Einen Startpunkt für die Teambildung darzustellen.
- Das Commitment aller Beteiligten für das Projekt einzuholen. Dies kommt einem Versprechen gleich, das zu der Verpflichtung führt, sich persönlich für die gemeinsame Sache zu engagieren. Erreicht man dieses Ziel, hat man eine wesentliche Voraussetzung für den Projekterfolg geschaffen.

Mit dem Projekt-Kick-off legst du also die Basis für eine Projektkultur und den Startpunkt für die so wichtige Teambildung. Die Hauptrolle bei der Organisation und Durchführung des Projekt-Kick-offs fällt dem Projektleiter zu. Es muss dir also gelingen, die Stakeholder für dein Projekt zu begeistern!

## Projektmarketing – die Wirkung nach außen

Um die Projektidentifikation zu erhöhen, ist es ratsam, dem Projekt ein Gesicht zu geben. Dazu braucht es ein angemessenes Projektmarketing, um das Projekt nicht nur für die unmittelbaren Stakeholder, sondern für das gesamte Projektumfeld sichtbar zu machen. Verwende z.B. einen kurzen und einprägsamen Projektnamen und kreiere ein einfaches Projektlogo. Setze dieses diskret auf jedes Projektdokument und bringe es an der Tür deines Projektraums an.

Es erfordert vom Projektleiter Erfahrung und ein gewisses Geschick, um ein wirksames Projektmarketing aufzubauen und zu transportieren. Hier gilt es, Maß zu halten, denn so wirksam ein gutes Projektmarketing ist, so schnell kann man auch Abwehr provozieren, wenn man es damit übertreibt. Wir raten dazu, nur so viel Aufmerksamkeit im Management zu generieren, dass das Projekt die notwendige Priorität erhält, aber nie so viel, dass im Management das Gefühl entsteht, dem Projekt »helfen« zu müssen.

Sind die obigen Startbedingungen klar definiert und konnten die Projektbeteiligten mithilfe des Kick-offs und des Projektmarketings für das Projekt motiviert werden, wird es sich bei deinem Projekt nicht um eines von vielen in deiner Organisation handeln, sondern um das Projekt, dessen Wichtigkeit und Mehrwert verstanden wird und für das man sich gerne persönlich engagieren möchte. So gesehen, ist der Projektstart im Interesse aller. Sorge also dafür, dass dein Projekt mit einem gelungenen Projektstart für alle sichtbar wird.

## Essenz

- Nimm dir in der Planungsphase ausreichend Zeit für die Definition der Projektparameter (Inhalt, Technik, Mittel, Organisation und Zeit).
- Lass dir vor dem Projektstart vom Auftraggeber die Projektparameter bestätigen (Review).
- Sorge dafür, dass du die besten Ressourcen für dein Projekt erhältst.
- Organisiere ein Projekt-Kick-off und schaffe eine hohe Projektidentifikation.
- Gib dem Projekt ein Gesicht und betreibe ein angemessenes Projektmarketing.
- So, wie ein Projekt startet, so endet es auch.

TEIL II

# Realisierung und Abschluss

KAPITEL 8

# Projekte steuern

## WO STEHT MEIN PROJEKT WIRKLICH?

Jeder Projektleiter ist ständig mit der einen Frage konfrontiert: Wo stehe ich aktuell mit meinem Projekt? So einfach diese Frage ist, in den meisten Fällen lässt sie sich nicht verbindlich beantworten. Eine Projektplanung basiert auf Erfahrungen, Abschätzungen, Annahmen und nicht selten auch auf Hoffnungen. Folglich unterliegt auch der daraus errechnete Liefertermin einer entsprechenden Unschärfe [DeMa03]. Dies wird jedoch vom Projektumfeld nicht akzeptiert. Also bleibt dem Projektleiter nichts anderes übrig, als das Projekt so zu steuern, dass das geforderte Projektziel rechtzeitig erreicht werden kann.

Ein Projekt zu steuern, heißt, zum richtigen Zeitpunkt die richtigen Maßnahmen einzuleiten. Doch die Voraussetzung dafür – wie in Kapitel 3, *Projekte planen*, beschrieben wird – ist das Wissen darum, wo man im Moment steht und wohin man kommen will und muss.

Wie erhalte ich nun ein realistisches Bild davon, wo ich tatsächlich im Projekt stehe? Was habe ich bisher erreicht? Bin ich in der Projektabwicklung der Planung voraus oder hinke ich hinterher?

Es wäre zu einfach, wenn man dazu lediglich den prozentualen Anteil der abgelaufenen Projektdauer oder der aufgelaufenen Projektkosten als Basis verwenden würde. Hilfreich ist nur die Gegenüberstellung des tatsächlichen Fertigstellungsgrads und der dafür eingesetzten Finanzmittel, also der Wert der fertiggestellten Arbeit.

## Fertig oder fertig fertig?

Während die Ermittlung der eingesetzten Finanzmittel relativ einfach ist, wird es bei Aussagen über den Fertigstellungsgrad deutlich komplizierter. Wann ist denn ein geplanter Task fertig? Und haben alle Projektmitarbeiter die gleichen Vorstellungen davon, wann etwas fertig ist?

Wahrscheinlich kennst du selbst Aussagen wie: »Ja, das habe ich erledigt. Es sollte nur noch jemand die Dokumentation anpassen und die fehlenden Integrationstests durchführen ...« Es ist also von Vorteil, wenn man zu Projektbeginn klar festlegt, was die Definition von fertig ist, denn fertig fertig ist erst etwas, wenn man sich darum im laufenden Projekt nicht mehr kümmern muss, es also aus Planungssicht vollständig abgeschlossen ist und der Projektleiter dafür keine Mittel mehr einplanen muss.

### Fertigstellungswert

Um eine realistische Einschätzung des tatsächlichen Projektstands zu erhalten, empfehlen wir die Analyse des Fertigstellungswerts (*Earned Value Analysis*). Diese gibt dir zu jedem Zeitpunkt des Projekts einen Anhaltspunkt dazu, mit welcher zeitlichen und inhaltlichen Abweichung (positiv oder negativ) zu rechnen ist. Voraussetzung dafür sind die folgenden drei Angaben:

- Basisplan (Referenz, SOLL)
- Fertigstellungsgrad (Betrachtungsbasis, IST)
- Restaufwand (Abweichung von fertig fertig)

Spiegelt man in der Grafik aus Abbildung 8-1 den aktuellen Fertigstellungsgrad sowohl senkrecht als auch waagerecht auf den Basisplan, kann an der x-Achse die Terminabweichung abgelesen werden und an der y-Achse die inhaltliche Abweichung, also die Abweichung zum geplanten Fertigstellungsgrad zum aktuellen Zeitpunkt.

Mit der Analyse des Fertigstellungswerts erhalte ich also eine Vorstellung davon, welche Abweichung der Projektfortschritt gemessen am Basisplan derzeit hat.

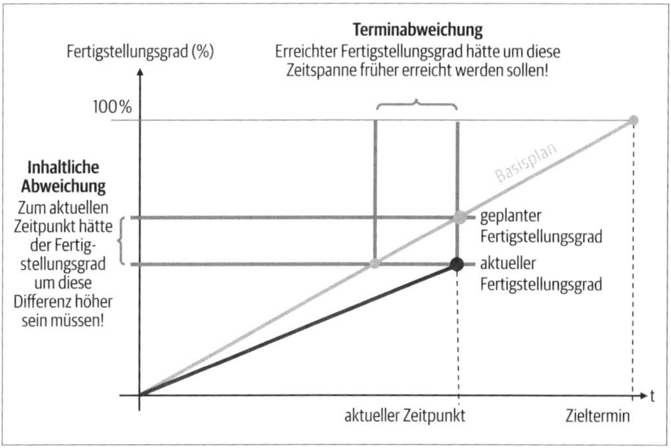


*Abbildung 8-1: Fertigstellungswertmethode (Earned Value Analysis)*

# Aufwand schätzen, Fertigstellungsgrad messen

Wie komme ich nun zu diesen drei oben aufgeführten Angaben?

## Basisplan

Wie der Name bereits ausdrückt, ist er die Basis für die laufende Betrachtung des Projektfortschritts. Er ist der Referenzwert, mit dem künftige Veränderungen abgeglichen werden, und muss folglich über das ganze Projekt hinweg stabil bleiben. Spätestens zum Projektstart wird der Basisplan fixiert. Die Voraussetzung, um einen Basisplan erstellen zu können, ist, dass die Arbeit, respektive alle geplanten Arbeitspakete, im Vorhinein mittels einer Aufwandsabschätzung quantifiziert wird. Wir empfehlen, dafür nicht Stunden oder Tage zu wählen, sondern eine zeitunabhängige Größe (z.B. Punkte im Planning Poker). Das kann eine simple Punktzahl sein, die sich an einer allen bekannten und klar definierten Referenzaufgabe orientiert. Dieser Referenzaufgabe ordnet man zum Beispiel den Wert 10 zu. Jedes weitere Arbeitspaket wird dann relativ zur

Referenzaufgabe abgeschätzt und erhält je nach Abschätzung einen entsprechend größeren oder kleineren Wert. Die Summe aller abgeschätzten Punkte entspricht dann dem zu realisierenden Projektvolumen. Dieses muss zu einem klar definierten Zeitpunkt (Zieltermin) abgeleistet werden. Die einfachste Form eines Basisplans ist die lineare Abarbeitung. Dabei geht man von einer konstanten Teamgröße und einer konstanten Produktivität aus. Um die Verständlichkeit zu erhöhen, gehen wir in diesem Buch von einem linearen Basisplan aus, wohl wissend, dass in der Realität der Basisplan nicht linear verläuft, weil er von den eingesetzten Ressourcen über die Projektlaufzeit hinweg beeinflusst wird (siehe Ressourcen-Hüllkurve in Kapitel 5, *Ressourcen managen*).

### Fertigstellungsgrad

Wie bereits einleitend erwähnt, ist die Ermittlung des tatsächlichen Fertigstellungsgrads sehr schwierig und nicht exakt messbar, da die Eingabeparameter lediglich auf Schätzungen basieren. Dennoch kann man mit geeigneten Maßnahmen die Unschärfe in Grenzen halten. Eine Möglichkeit ist, dass der Fertigstellungsgrad eines Arbeitspakets nur zwei Zustände kennt: »nicht begonnen« und »abgeschlossen«. Sind die Bedingungen gemäß obiger Definition von fertig fertig erfüllt, ist das Arbeitspaket zu 100% abgeschlossen. Bis dahin gilt das Arbeitspaket als »nicht begonnen«. Es besteht auch die Möglichkeit, zusätzlich noch den Status »begonnen« hinzuzufügen, dem dann zum Beispiel ein fixer Fertigstellungsgrad von 25% zugewiesen wird. So oder so befindet man sich während der Realisierungsphase eines Arbeitspakets in einem Blindflug und hat erst nach dessen Abschluss die Gewissheit über den Fertigstellungsgrad. Dadurch hinkt der tatsächliche Fertigstellungsgrad immer dem effektiven Fertigstellungsgrad hinterher. Um diesen Effekt so klein wie möglich zu halten, ist es zwingend notwendig, die Arbeitspakete auf möglichst kleingranulare Größen herunterzubrechen.

### Restaufwand

Oft gelingt es nicht, die Arbeitspakete in kleine Realisierungseinheiten aufzuteilen. Also braucht es eine andere Größe, um den effektiven Fertigstellungsgrad messen zu können. Wir haben gute Erfahrungen damit gemacht, nach jeder Iteration (Sprint) jeden Entwickler gefragt zu haben, wie viel er bis heute investiert hat und wie lange er aus heutiger Sicht noch braucht, um das Arbeitspaket fertigzustellen. Anders gesagt, man erhält die aufgelaufene Arbeit und den Restaufwand. Ist beispielsweise die Summe diese beiden Werte größer als der geplante Aufwand, bedeutet dies, dass der Entwickler mehr Aufwand für den ersten Teil gebraucht hat, als er beim angegebenen Restaufwand hätte brauchen dürfen. Es ist also ein Mehraufwand entstanden. Dieser zusätzlich geleistete Aufwand fehlt in der Planung und muss nun zum geplanten Projektaufwand hinzugezählt werden. Wie das geht, siehst du im nächsten Abschnitt.

## Plausibilisierung

Um in die Zukunft reichende belastbare Aussagen machen zu können, muss man zuerst wissen, was das Team zu leisten imstande ist. In der agilen Softwareentwicklung spricht man hierbei von der Velocity: Wie viel Arbeit kann innerhalb einer bestimmten Zeit – im Sinne von fertig fertig – durch das Projektteam geleistet werden? Unterteilt man die Projektlaufzeit in Sprints oder kurze, gleich lange Phasen, wird ersichtlich, wie viele Punkte oder Produktivstunden innerhalb eines bestimmten Zeitfensters umgesetzt werden. Dies entspricht der Teamproduktivität (*Velocity*), einer wichtigen Größe in deiner Projektplanung. Anhand dieser kannst du ausrechnen, wie viele Sprints dein Team voraussichtlich braucht, um einen bestimmten Arbeitsvorrat (*Backlog*) abzuarbeiten, oder wie lange dein Team braucht, um einen bestimmten Meilenstein zu erreichen. Wie du siehst, ist die Teamproduktivität sehr hilfreich, und zwar unabhängig davon, was für ein Vorgehensmodell du gewählt hast.

Geht man davon aus, dass sich die Teamzusammensetzung und die Art der Arbeiten im Projekt nicht wesentlich ändern, wird sich die Teamproduktivität nach einer anfänglichen Findungsphase auf einem bestimmten Wert stabilisieren. Dieser Zeitpunkt ist frühestens nach einem Drittel der Projektlaufzeit zu erwarten. Das erlaubt, die Teamperformance in die Zukunft zu extrapolieren, um eine Vorstellung davon zu erhalten, ob das gewünschte Projektziel realistisch erreicht werden kann.

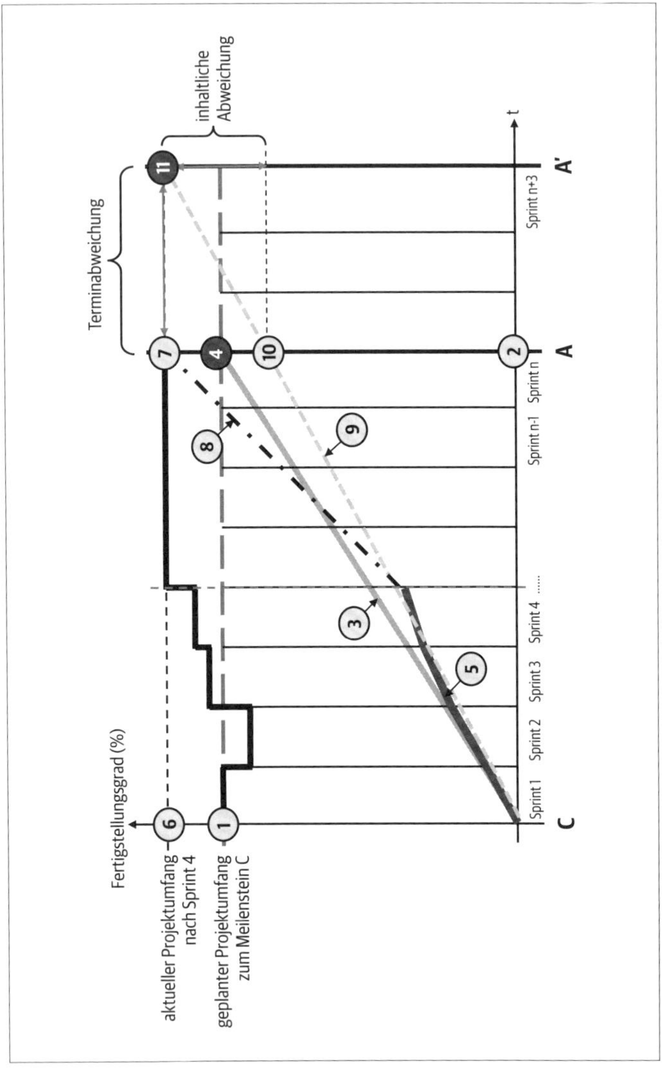


*Abbildung 8-2: Projektplausibilisierung*

In Abbildung 8-2 wird der Projektumfang (Backlog) dargestellt, zu dessen Erfüllung sich das Projektteam zum Zeitpunkt C verpflichtet hat ❶. Außerdem ist Zeitpunkt A dargestellt, der angibt, wann der Projektumfang abgeleistet sein soll ❷. Der Basisplan ❸ beschreibt den Weg, auf dem man das Ziel ❹ erreichen möchte. Der tatsächliche Projektverlauf ❺ zeigt jedoch, dass die Vorgaben im Basisplan nicht eingehalten werden können. Folglich liegt die Kurve des tatsächlichen Fertigstellungsgrads unter der des Basisplans. Gleichzeitig hat sich das Projektvolumen durch neue Erkenntnisse, zusätzlichen Restaufwand oder neue Funktionalitäten verändert ❻. Der neue Zielpunkt liegt nun deutlich höher ❼. Um dieses neue Ziel zum Zeitpunkt A immer noch erreichen zu können, müsste die Teamproduktivität deutlich gesteigert werden ❽, was häufig unrealistisch ist (siehe Kapitel 5, *Ressourcen managen*). Ohne weitere Maßnahmen würde sich die Teamperformance mehr oder weniger linear weiterentwickeln ❾ und den gewünschten Funktionsumfang zum Zeitpunkt A nicht erreichen ❿ beziehungsweise erst zu einem späteren Zeitpunkt A' ⓫.

Zeigt sich dem Projektleiter ein solches Bild, hat er in einer relativ frühen Phase des Projekts die Möglichkeit, geeignete Maßnahmen einzuleiten, die noch die Chance haben, innerhalb des Projekts Wirkung zu zeigen. Zu spät eingeleitete Maßnahmen können ihre Wirkungen nicht mehr rechtzeitig entfalten und bremsen das Projekt zusätzlich (vgl. [Bro95]). Beginne also sehr früh damit, die Teamproduktivität zu messen.

Wie du siehst, ist die Ermittlung des tatsächlichen Fertigstellungsgrads essenziell, um eine belastbare Vorstellung davon zu erhalten, wo man im Projekt wirklich steht und welche daraus abzuleitenden Maßnahmen für die Zielerreichung eingeleitet werden müssen. Dabei spielt es keine Rolle, wie der Projektstatus grafisch dargestellt wird, sei es als *Burn-down-Chart*, wie bei agilen Methoden üblich, oder als *Burn-up-Chart*, wie bei der Ertragswertanalyse. Letztlich geht es immer um einen SOLL-IST-Vergleich und damit um eine grobe Plausibilisierung mittels relativer Schätzung.

## Essenz

- Lege dir geeignete Planungsinstrumente zu, die dir helfen, den Überblick im Projekt zu behalten und den Projektfortschritt zu plausibilisieren. Eine grafische Darstellung ist sehr zu empfehlen, denn Bilder sagen bekanntlich mehr als tausend Worte.
- Sei dir in jedem Moment bewusst, welchen tatsächlichen Fertigstellungsgrad das Projekt hat, denn nur so kannst du erkennen, wo dein Projekt wirklich steht.
- Ein Projekt zu steuern, heißt, zum richtigen Zeitpunkt geeignete Maßnahmen einzuleiten. Beginne also früh damit, die Zielerreichung zu plausibilisieren, und mach die Abweichungen durch einen SOLL-IST-Vergleich sichtbar.
- Definiere klar, wann etwas fertig fertig ist.

KAPITEL 9

# Softwarequalität beeinflussen

LIPPENBEKENNTNIS ODER ERNSTHAFTE ABSICHT?

Geht es um die Entwicklung einer neuen Software, stehen vor allem Termine und Kosten im Vordergrund – eine hohe Softwarequalität wird stillschweigend vorausgesetzt. Dabei ist eine hohe Softwarequalität alles andere als selbstverständlich und wird sich nicht von selbst im Projektresultat manifestieren. Gibt man diese nicht vor, wird jeder nach seinen eigenen Qualitätsvorstellungen handeln. Das kann niemand wollen, oder?

## Was ist Softwarequalität?

Die Grundvoraussetzung, um »qualitativ« arbeiten zu können, ist ein einheitliches Verständnis davon respektive eine klare Definition dessen, was Qualität ist.

Die internationale Norm ISO 25010 zeigt, dass die Qualitätsanforderungen und -erwartungen sehr vielseitig sind (siehe Abbildung 9-1). Für ein erfolgreiches Projekt ist es notwendig, beides zu verstehen. Wie in Kapitel 4, *Meilensteine definieren*, bereits erwähnt, gilt es, zum Projektstart die Anforderungen zu kennen. Damit gemeint sind die expliziten Kundenanforderungen. Diese sind meist gegeben, oder es ist klar, wie sie gemeinsam mit dem Kunden ermittelt und formuliert werden können.

Schwieriger wird es mit den impliziten Kundenerwartungen, die nicht formuliert worden sind, aber als selbstverständlich angenommen werden. Selbst der Kunde hat diese zu Projektbeginn oft nur vage vor Augen, oder sie sind ihm explizit nicht bewusst und tauchen erst später während des Projektverlaufs auf. Um diesen impliziten

Erwartungen auf die Spur zu kommen, hilft es, zu verstehen, wie der Kunde sein Geld verdient. Des Weiteren ist es sehr wichtig, ihm besonders gut zuzuhören und aktiv nachzufragen, um zu erkennen, was dem Kunden am Schluss wirklich wichtig ist. Meist sind dies nur ganz wenige Punkte.

Zusammengefasst, verstehen wir unter Qualität *die Erfüllung der expliziten Kundenanforderungen und der impliziten Kundenerwartungen!*

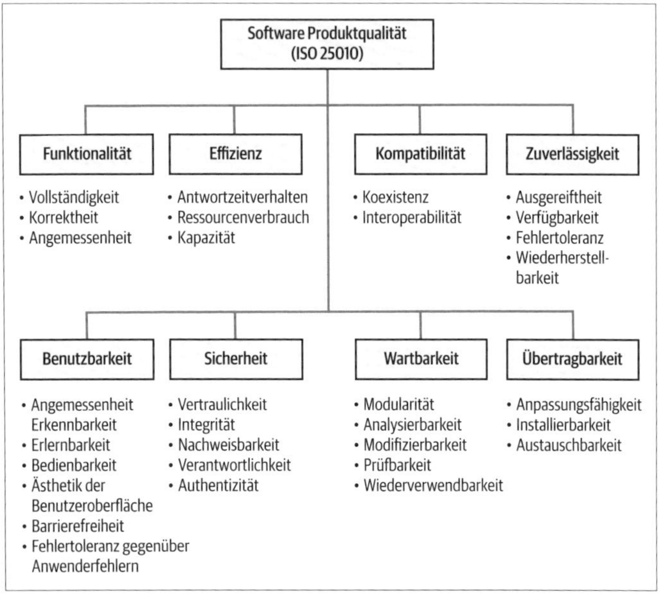


*Abbildung 9-1: Definition von Softwarequalität nach ISO 25010*

Mit dieser Definition ist klar, was wir unter Qualität verstehen. Wie erreichen wir dieses Ziel nun?

# Wann entstehen Fehler?

Softwareentwicklung besteht grundsätzlich aus den zwei Schritten *Erstellen* und *Prüfen* (siehe Abbildung 9-2). Beim Erstellen geht es um Anforderungen, Architektur, Design und Codierung – durch Entscheidungen und Arbeitsschritte in diesen Bereichen wird die Software konstruiert. Beim Prüfen geht es um Reviews während des Erstellens und das Testen auf verschiedenen Integrationsstufen. Natürlich müssen diese Schritte nicht sequenziell erfolgen, die einzelnen Tätigkeiten wird es aber immer geben.

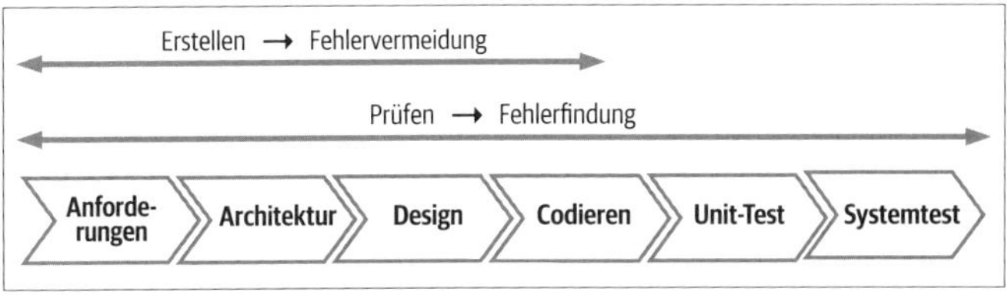


*Abbildung 9-2: Wertschöpfungskette bei der Softwareerstellung*

Um auf die Frage zurückzukommen, wann Fehler entstehen, ist die Antwort darauf ganz klar: während der Erstellung – also bei der Arbeit an Anforderungen, Architektur und Design oder beim Codieren.

Möchten wir eine hohe Softwarequalität erreichen, gilt es folglich, weniger Fehler zu machen beziehungsweise Fehler möglichst ganz zu vermeiden. Dieses Ziel erreichen wir hauptsächlich durch unsere innere Haltung, unseren Anspruch an gute Softwarequalität oder, wie wir noch sehen werden, durch unsere Kultur im Projekt.

Da Software von Menschen gemacht wird und Menschen Fehler machen, lassen sich diese nicht vollständig vermeiden. Deshalb brauchen wir zwingend Techniken und Maßnahmen, um die verbleibenden Fehler rechtzeitig zu finden. Die Fehlerfindungsphase erstreckt sich über die gesamte in Abbildung 9-2 abgebildete Wertschöpfungskette. In der Codeerstellungsphase sind insbesondere alle Arten von Review-Techniken hilfreich, während in den späteren Phasen verschiedenste Testmethoden zum Einsatz kommen. Alle haben das Ziel, möglichst früh die verbleibenden Fehler in der Wertschöpfungskette zu finden. Da heutige Softwareprogramme sehr umfassend sind und schnell viele Millionen Codezeilen beinhalten können, ist es wirtschaftlich nicht möglich, beim Testen jeden Programmpfad zu durchlaufen – Prüfmethoden sind somit ein Stichprobenverfahren!

Aus den obigen Aussagen ergeben sich zwei Erkenntnisse: Erstens entstehen Fehler bei der Softwareerstellung. Hier gilt es, auf geeignete Weise Fehler zu vermeiden. Zweitens dient das Prüfen der Fehlerfindung. Da es sich hierbei um ein Stichprobenverfahren handelt, kann Softwarequalität nicht im Nachhinein durch Testen hergestellt werden.

## Wie entstehen Fehler?

Sind die Projekte gut unterwegs, hat man sowohl zeitlich als auch finanziell gewisse Spielräume. Dies ist auch gut so, hilft es doch, das eine oder andere genauer zu betrachten oder auszuprobieren. Als Folge entstehen in solch einem Umfeld weniger Fehler.

Steigt der Druck im Projekt, verschwinden die Spielräume, und das Team beginnt mehrheitlich, nur noch zu funktionieren. Um in solch einem Umfeld die Fehlerrate niedrig zu halten, sind Automatismen gefragt, sprich, gut eingespielte und gelebte Prozesse. Jeder weiß dann, was er zu tun hat, und *macht* das auch.

Es gibt also neben der Codequalität auch eine Prozessqualität – beides stellt die Softwarequalität sicher. Dabei hat Codequalität viel mit Erfahrung und Ausbildung zu tun und ist personenabhängig. Wie in Kapitel 14, *Teams bilden,* erläutert, gibt es hier sehr große Unterschiede. Prozessqualität hingegen hat mit Organisation zu tun, denn Prozesse müssen klar, verständlich und einfach zugänglich sein.

Fehler entstehen also unter Druck, wenn die Spielräume kleiner werden. Zum Glück kannst du als Projektleiterin oder Projektleiter durch gute Organisation deine Prozessqualität und somit die Produktqualität direkt beeinflussen.

## Die Kultur macht den Unterschied

Fehler entstehen also beim »Erstellen« der Software – und dies verstärkt, wenn das Projektteam unter Druck gerät. Natürlich lassen sich Fehler nicht komplett vermeiden, aber deutlich verringern. Der Unterschied macht hier die Kultur!

## Qualitätsmanagement im agilen Umfeld

Oberflächlich betrachtet, stellen agile Vorgehensmodelle kaum Vorgaben oder Hilfestellungen bezüglich der Qualität zur Verfügung. Beim genaueren Hinsehen wirst du feststellen, dass beispielsweise Scrum sehr wohl Elemente der Qualität bereithält, wie beispielsweise die Definition der Fertigstellung (Definition of Done), die *Retrospektive* oder das *Sprint Review*. Scrum verpasst es aber, darin konkrete Maßnahmen zu nennen. Das Projekt muss selbst dafür sorgen, welcher Qualitätsanspruch abgebildet werden soll. Ist in der Organisation kein für alle Projekte verbindlicher Qualitätsplan vorhanden, sollte in der *Definition of Done* beispielsweise die Einhaltung der Programmierrichtlinien, das Vorhandensein eines automatisierten und lauffähige Unit-Tests sowie die Aktualisierung der internen Designdokumentation und/oder der externen Release Notes festgehalten werden. Dies und vieles mehr muss jedes Projekt und jedes Team für sich selbst festlegen und durchsetzen. Ebenfalls gibt es keine Unterstützung bezüglich der Softwarearchitektur – etwa mit Blick auf Attribute wie Zuverlässigkeit, Verfügbarkeit, Instandhaltbarkeit, Skalierbarkeit, IT-Security sowie all die anderen in Kapitel 9, *Softwarequalität beeinflussen,* aufgeführten Qualitätsthemen.

Ein weiterer Qualitätsansatz ist die Bereitschaft zur kontinuierlichen Verbesserung. Die agilen Vorgehensmodelle stellen mit den regelmäßigen *Retrospektiven* eine geeignete Plattform zur Verfügung. Wichtig ist hier, dass die erkannten Verbesserungsmaßnahmen rasch umgesetzt werden, ansonsten verpufft die Bereitschaft, nach Verbesserungen zu suchen, wenn anschließend nichts umgesetzt wird. Zu guter Letzt beinhaltet auch das Sprint Review eine qualitative Betrachtungsweise, weil hier die geforderte Funktion, meistens durch den Product Owner, kritisch überprüft und abschließend abgenommen wird.

Kultur heißt in diesem Zusammenhang, die Prozessvorgaben korrekt anzuwenden sowie Werte wie Verlässlichkeit und Sorgfalt hoch- und auch unter Druck beizubehalten. Dies zeigt sich beispielsweise, wenn man im Projekt bereit ist, eine Werkabnahme mit dem Kunden terminlich zu verschieben, weil die Software noch nicht reif dafür ist oder lokal gespeicherte Programmdateien außerhalb der Versionsverwaltung nicht zu tolerieren sind. Einer, der diesen Prozess und das Team dabei unterstützt, ist der Qualitätsmanager (siehe Kapitel 12, *Rollen definieren*). Er stellt sicher, dass die gemeinsamen Kulturwerte zum Tragen kommen und Unzulänglichkeiten, wie die oben beispielhaft erwähnten, abgestellt werden. Damit nimmt er (gemeinsam mit dem Projektleiter) seine Qualitätsverantwortung wahr – und dies mit der gleichen Konsequenz, mit der der Projektleiter Kosten und Termine verfolgt.

Somit ist klar: Qualität ist wesentlich eine Kulturfrage. Kultur besteht aus gemeinsamen Werten, die vorgelebt werden und deren Umsetzung eingefordert wird. Sie sind einer Organisation inhärent und sollten auch unter Druck in einem sehr hohen Maß beibehalten werden. Das Team erkennt rasch, ob es sich beim Thema Softwarequalität nur um ein Lippenbekenntnis oder um eine ernsthafte Absicht handelt. Wie ist das in deinem Projekt?

# Essenz

- Softwarequalität ist die Erfüllung der expliziten Kundenanforderungen und der impliziten Kundenerwartungen.
- Finde möglichst früh heraus, was deinem Kunden wirklich wichtig ist.
- Die Qualität von Software ergibt sich aus dem Erstellungsprozess und kann nicht nachträglich hineingetestet werden – es gilt: Fehlervermeidung vor Fehlerfindung.
- Sorge frühzeitig für einfache, gut eingespielte und gelebte Prozesse, denn diese helfen, wenn das Projekt unter Druck gerät.
- Qualität ist in erster Linie eine Kulturfrage und wird vom gesamten Team sichergestellt!

# KAPITEL 10
# Dokumentation festlegen

## DAFÜR HABE ICH WEDER ZEIT NOCH GELD!

Dokumente belasten Softwareprojekte, und zwar in zweierlei Hinsicht. Einerseits belasten sie die Entwickler, weil diese lieber Code schreiben, als aufwendige Spezifikationen erstellen zu müssen. Andererseits belasten Dokumente das Projektbudget, weil deren Erstellung viel Zeit in Anspruch nimmt. Aber nicht nur die Erstellung ist aufwendig, sondern auch die Synchronhaltung der Dokumente mit dem schnelllebigen Code. Da verwundert die weitverbreitete Aussage nicht, dass die einzig wahre Dokumentation der Code selbst ist, mit der Konsequenz: lieber keine Dokumentation als eine veraltete! Doch wie weit kann man auf eine Dokumentation in der Softwareentwicklung verzichten?

## Was hat die Dokumentation mit der Produktqualität zu tun?

Wir behaupten: Eine angemessene Dokumentation trägt wesentlich zur Produktqualität bei und fördert damit letztlich die Kundenzufriedenheit. Wie soll das gehen? Bekanntlich ist eine Software nie fertig und fehlerfrei. Es gibt folglich viele gute Gründe, eine lauffähige Software nachträglich zu verbessern (Update) oder zu erweitern (Upgrade). Die Kundenzufriedenheit beschränkt sich daher nicht nur auf den erstmaligen, lauffähigen Code, sondern beruht auf der impliziten Erwartung, dass die gekaufte Software langfristig verfügbar bleibt und einen Nutzen generiert. Dies kann nur erreicht werden, wenn die Software kontinuierlich aktualisiert werden kann (Softwarekontinuität).

Die Grundlage dafür ist das schriftliche Festhalten der relevanten Aspekte (Dokumentation). Die wichtigsten Dokumente stellen sicher, dass auch zu einem späteren Zeitpunkt noch nachvollziehbar ist, welche Funktionen, Prinzipien, Architekturansätze etc. verwendet wurden (Nachvollziehbarkeit). Nur wenn etwas nachvollziehbar ist, können die bereits beschrittenen Wege immer wieder reproduziert werden (Reproduzierbarkeit). Die Reproduzierbarkeit garantiert eine geordnete Implementierung von Änderungen durch Updates und/oder Upgrades (Änderbarkeit). Die Änderbarkeit einer Software ist wiederum die Grundlage einer langfristig verfügbaren Software (mehr zum Thema Softwarewartung bei [Bom08]).

Es gibt also eine zwingende Kausalitätsbeziehung zwischen der Dokumentation und der Kundenzufriedenheit (siehe Abbildung 10-1). Die Voraussetzung für die Kundenzufriedenheit ist die Softwarekontinuität, und deren Voraussetzung ist die Änderbarkeit. Um Software änderbar machen zu können, setzt diese die Reproduzierbarkeit und diese wiederum die Nachvollziehbarkeit voraus. Die Dokumentation ist die Basis für die Nachvollziehbarkeit. Ist die Dokumentation mangelhaft oder fehlt komplett, muss die Nachvollziehbarkeit direkt aus dem Code gelesen werden. Mit zunehmender Größe und fortschreitendem Alter der Software wird dies immer schwieriger und führt unweigerlich zu Problemen. Unterschätze also nicht den Wert einer angemessenen Dokumentation.

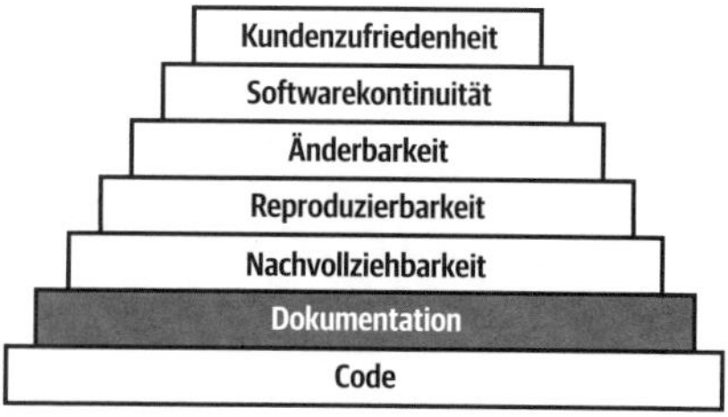


*Abbildung 10-1: Dokumentation als Voraussetzung für Kundenzufriedenheit*

# Welche Dokumente braucht es nun?

Dokumentation ist also wichtig. Nun stellst du dir sicher die Frage: Welche Dokumentation denn genau? Um diese Frage zu beantworten, sollte man immer vom Zweck und vom Empfänger ausgehen. Stell dir also bei jedem Dokument als Erstes die Frage, wozu und für wen dieses Dokument geschrieben wird. Kannst weder du noch dein Projektumfeld diese Frage beantworten, hast du ein mögliches Einsparungspotenzial entdeckt.

Stell dir als Nächstes die Frage, ob es sich um ein internes oder ein externes Dokument handelt und ob dieses als Projekt- oder Produktdokument erstellt werden soll.

## Interne vs. externe Dokumente

Externe Dokumente kommen entweder von einer externen Stelle oder werden für eine solche erstellt. Zum Beispiel wird ein Lastenheft typischerweise durch den Auftraggeber erstellt oder zumindest von diesem verantwortet. Bei externen Dokumenten gelten andere Regeln als bei internen. Externe Dokumente werden meist mit einem deutlich höheren Abstraktionsniveau verfasst und müssen sich in der Semantik dem Empfänger anpassen. Die Erfahrung zeigt, dass Entwickler meist nicht dazu geeignet sind, diese Art von Dokumenten zu schreiben. Im Gegensatz dazu zeichnen sich interne Dokumente durch eine große fachliche Tiefe und einen hohen Detaillierungsgrad aus und sind dadurch in der Regel nur für Fachspezialisten verständlich.

## Projekt- vs. Produktdokumente

Es gibt Dokumente, die sich lediglich auf eine bestimmte Softwareversion beziehen respektive projektspezifisch sind. Beispiele dafür sind: Lastenheft, Projekthandbuch, ausgefüllte Meilenstein-Checklisten, Testprotokolle. Mit Blick auf eine Software, die über mehrere Versionen erstellt wird, beinhalten solche Dokumente nur die Sicht auf die jeweilige Softwareversion, also das Delta von einer zur nächsten Version. Wir nennen sie Delta-Dokumente, weil sie nur die Veränderungen festhalten.

Es gibt aber auch Dokumente, die von Softwareversion zu Softwareversion fortgeführt werden, so die Summe aller Versionen beinhalten und dadurch das Produkt vollumfänglich beschreiben. Wir nennen diese Sigma-Dokumente, weil sie die Summe aller Änderungen festhalten. Beispiele dafür sind: Pflichtenheft, Architektur- und Designspezifikation, Testspezifikation oder Benutzerhandbuch.

Wenn du dir nicht sicher bist, welche Informationen in welchen Dokumenttyp gehören, stell dir folgendes Szenario vor: Dein Projekt ist vollständig abgeschlossen, und jemand geht hin und löscht die gesamte Projektablage! Entsteht dir dadurch ein Schaden in der Nachfolgeversion? Wenn ja, dann sorge dafür, dass die vermissten Informationen in die Produktdokumentation einfließen.

| | | **Zweck** | |
|---|---|---|---|
| | | Projekt δ (Delta) | Produkt Σ (Sigma) |
| **Empfänger** | Extern | • Lastenheft<br>• Release Note | • Benutzerhandbuch<br>• Schulungsunterlagen |
| | Intern | • Projekthandbuch<br>• Planung und Risikoliste<br>• Testprotokoll<br>• Meilenstein-Checkliste | • Pflichtenheft<br>• Architekturspezifikation<br>• Designspezifikation<br>• Testspezifikation |

*Abbildung 10-2: Übersicht der Dokumenttypen*

Zurück zu der Frage: Welche Dokumente braucht es nun? Das Raster mit der Einteilung in interne und externe beziehungsweise projekt- und produktspezifische Dokumente ist sicher ein guter Ausgangspunkt für deine Orientierung. In Abbildung 10-2 siehst du eine Liste mit Dokumenten, die nicht den Anspruch auf Vollständigkeit hat und in deinem Projekt sicherlich etwas anders aussehen kann. Wir sind aber überzeugt, dass du an den oben aufgeführten Dokumenten nicht vorbeikommen wirst.

Damit du die Übersicht über deine Dokumente nicht verlierst und jederzeit den jeweiligen Fertigstellungsgrad kennst, empfehlen wir dir, alle zu erstellenden Dokumente in einem Dokumentenplan zusammenzufassen. Wichtig: Plane in deinem Projekt die Erstellung aller Dokumente von Beginn an ein.

## Dokumentation im agilen Umfeld

Im »Manifest für Agile Softwareentwicklung« steht unter anderem, dass »funktionierende Software mehr als umfassende Dokumentation« wertzuschätzen sei (vgl. [TAM01]). Mit anderen Worten, der lauffähige Code geht vor. Wie wahr! Diese Aussage trifft jedoch für sämtliche Vorgehensmodelle zu, schließlich will kein Projekt zum Abschluss nur gut dokumentiert, aber ohne lauffähigen Code dastehen. Genauso wenig sollte ein agiles Projekt zum Projektende nur lauffähigen Code und keine Dokumentation vorweisen können.

Ähnlich kannst du mit den übrigen Aussagen des Agilen Manifests verfahren. Sie sind alle wertvoll und gelten für sämtliche Softwareprojekte und Vorgehensmodelle.

## Was ist sonst noch wichtig?

Hier noch ein paar weitere Gedanken, die dir helfen sollen, nur so viel wie nötig und nicht so viel wie möglich zu dokumentieren:

- Grundsätzlich ist aus unserer Sicht nur die Dokumentation wertvoll, die du bereit bist, kontinuierlich zu aktualisieren.
- Die Form der Dokumentation kann je nach Empfänger sehr unterschiedlich ausfallen. Dies reicht von der Inline-Dokumentation über ein Wiki bis zur klassischen Papierform. Setze das richtige Medium bewusst ein.
- Beachte, dass bei toolbasierten Dokumentationssystemen die langfristige Lesbarkeit und Änderbarkeit der darin enthaltenen Informationen gewährleistet bleiben muss, insbesondere bei langlebigen Produkten. Als Minimalanforderung muss jederzeit ein versionierter PDF-Export möglich sein.
- Überlege dir bereits zu Projektbeginn, welche Dokumente zu welchem Zeitpunkt erstellt werden müssen. Es ist einfacher,

diese während der Projektumsetzung zum jeweils geeigneten Zeitpunkt zu schreiben, als sie am Projektende nachträglich zu dokumentieren.

- Unterscheide, ob es sich um ein projektspezifisches Dokument (Delta-Dokument) oder um ein aufbauendes Produktdokument handelt (Sigma-Dokument).
- Frage dich immer: Für wen schreibe ich das Dokument (Empfänger)? Warum soll sich der potenzielle Leser die Mühe machen, das Dokument zu lesen? Welchen Mehrwert wird er erhalten?
- Achte darauf, dass Detaillierungsgrad und technischer Tiefgang dem Zielpublikum entsprechen. Passt das Niveau, kann die Dokumentation auch kurz gehalten werden.
- Teilweise erfüllen eine Dokumentation oder Teile davon neben technischen auch juristische Zwecke – z. B. in Form eines Vertragsbestandteils, als Nachweis einer Normenkonformität oder bei Gewährleistungsansprüchen. Diese Dokumente lassen sich nicht einsparen.

Wie du siehst, benötigt jedes Projekt eine minimale Dokumentation. Der Umfang der Dokumentation wird teilweise durch die erzwungene Nutzung von Standards vorgegeben. Dort, wo du mehr Freiheiten hast, mach dir frühzeitig Gedanken darüber, welche Dokumente in deinem Projekt notwendig sind, und plane entsprechend Zeit, Budget und Ressourcen dafür ein.

## Essenz

- Kunden erwarten eine langfristig verfügbare Software. Eine sinnvolle Dokumentation hilft dabei, die Kontinuität und dadurch die Kundenzufriedenheit sicherzustellen.
- Unterschätze niemals den Aufwand für die Erstellung und Pflege von Dokumenten.
- Ein lauffähiger Code ist höher wertzuschätzen als eine umfassende Dokumentation, schließt diese aber nicht aus.

- Es lohnt sich, zu Projektbeginn die zu erstellenden Dokumente festzulegen (Dokumentenplan) und die entsprechenden Ressourcen und das dafür nötige Budget einzuplanen.
- Erstelle nur Dokumente, für die es einen Zweck und einen Empfänger gibt.
- Lege dabei gleich fest, wer der Empfänger der jeweiligen Dokumente sein wird und ob das Dokument als Delta- oder Sigma-Dokument erstellt werden muss.

# KAPITEL 11

# Projekte abschließen

## DARUM KÜMMERE ICH MICH, WENN ES SO WEIT IST!

Der Erfolg eines Projekts kann erst nach dessen Abschluss beurteilt werden. Folglich ist der Projektabschluss ein unabdingbarer Schritt auf dem Weg zum Projekterfolg. Auch wenn der Projektabschluss wortwörtlich erst ganz am Schluss ansteht, ist es wichtig, diesen von Beginn an zu gestalten und einzuplanen. Die Risiken, die es mit sich bringt, dies nicht zu tun, sind offensichtlich.

## It's not a Bug, it's a Feature!

Wie bereits in Kapitel 9, *Softwarequalität beeinflussen*, beschrieben, handelt es sich bei der Qualität um die Erfüllung der expliziten Anforderungen und der impliziten Erwartungen. Unserer Erfahrung nach sind beim Projektabschluss nicht die expliziten Anforderungen das Problem, sondern die impliziten Erwartungen, denn diese werden in der Regel nicht schriftlich festgehalten, sondern stecken in den Köpfen der Auftraggeber und Kunden. Und es kommt, wie es kommen muss: Der Kunde ist mit dem Resultat nicht vollumfänglich einverstanden und fordert das Fehlende als Nachbesserung ein, natürlich auf Kosten des Auftragnehmers. Auf der anderen Seite wird der vermeintliche Mangel als zusätzliches Feature (Claim) betrachtet, das durch den Auftraggeber finanziert werden müsste. Diese Diskussionen belasten nicht nur das Geschäftsverhältnis, sondern auch das Projekt, denn dieses wird so lange nicht abgeschlossen werden können, bis alle Fragen geklärt sind. Dadurch ist nicht nur die Qualität der Lieferung infrage gestellt, auch die Termine und Kosten laufen aus dem Ruder. Strebe also einen frühen und energisch durchgeführten Projektabschluss an.

## Abnahme

Um die obigen Diskussionen und Schuldzuweisungen zu minimieren, gibt es verschiedene Lösungsansätze. Allen gemeinsam ist das einheitliche Verständnis der Abnahmekriterien. Doch woher kommen die Abnahmekriterien? In einer idealen Welt würde der Auftraggeber diese bereits als explizite Anforderungen im Lastenheft formulieren. Doch dies zu erwarten, wäre unrealistisch.

Es ist zwar trotzdem wichtig zu wissen, wie der Auftraggeber die Projektabnahme zu gestalten gedenkt, doch in der Regel hat dieser beim Projektstart noch keine klaren Vorstellungen davon, denn auch für ihn liegt der Projektabschluss noch in weiter Ferne. Damit wären wir erneut beim: »Darum kümmere ich mich dann, wenn es so weit ist.« Also liegt der Ball wieder beim Projektleiter. Was kann er tun?

Es gibt auf diese Frage nicht die eine richtige Antwort. Aber es gibt zumindest drei grundsätzlich unterschiedliche Lösungsansätze.

### Das Projekt definiert die Abnahmekriterien

Aus verständlichen Gründen kann zum Projektstart nicht mit verbindlichen Abnahmekriterien vonseiten des Kunden gerechnet werden. Häufig ist auch ihm nicht klar, wie sie zu formulieren sind. Diese Arbeit kann das Projektteam dem Kunden abnehmen und von sich aus einen Vorschlag für die Abnahmekriterien machen. Diese Abnahmekriterien müssen anschließend durch den Kunden reviewt und abgenommen werden. Das Risiko hierbei ist, dass sich der Kunde in diesem frühen Stadium des Projekts möglicherweise gedrängt fühlt und sich dadurch dieser Prozess in die Länge ziehen oder ein Rest an Unverbindlichkeit bleiben kann.

### Die Wahrheit steht im Pflichtenheft

Das Lastenheft wird in der Regel durch den Auftraggeber verfasst. Darin wird beschrieben, welche funktionalen und nicht funktionalen Anforderungen respektive Problemstellungen gelöst werden sollen, also das WAS. Das Pflichtenheft hingegen wird vom Auftragnehmer verfasst. Darin steht, wie die obigen Anforderungen verstanden werden und wie sie technisch umgesetzt werden sollen, also das WIE. Das Pflichtenheft ist in den meisten Fällen deutlich umfangreicher und detaillierter. Es liegt also nahe, das Pflichtenheft anstelle des Lastenhefts als Auftragsgegenstand zu bestimmen. Folglich würde im Zweifelsfall bei der Projektabnahme das Pflichtenheft die »Wahrheit« beschreiben.

Bei der Überführung der Anforderungen vom Lastenheft ins Pflichtenheft handelt es sich jedoch immer um eine Interpretation der Anforderungen. Dadurch können Differenzen entstehen, die nur durch ein gemeinsames Review erkannt werden können. Ein Risiko entsteht, wenn das Pflichtenheft für den Auftraggeber zu technisch ausfällt und er dieses daher nicht beurteilen kann. Ein weiteres Problem besteht darin, dass das Lastenheft bereits vertraglich als die »Wahrheit« definiert wurde.

Anmerkung: Je nach Organisation, Domäne oder Prozess werden auch andere Bezeichnungen für das Lastenheft und das Pflichtenheft verwendet. Doch grundsätzlich geht es immer um dieselbe Basis: zum einen um die Sicht des Kunden (das WAS) und zum anderen um die Sicht der technischen Umsetzung (das WIE).

## Partielle Abnahmen

Die beiden beschriebenen Lösungsansätze erfordern jeweils eine vorzeitige verbindliche Abnahme durch den Kunden. Diese stellt ein gewisses Risiko für ihn dar und kann deshalb nicht erzwungen werden. Folglich sind wir auf das Entgegenkommen des Kunden angewiesen. Um das Risiko dennoch minimieren zu können, empfehlen wir eine schrittweise (partielle) Abnahme. Wann immer ein Teilresultat vorliegt, soll dieses dem Kunden zur Abnahme vorgelegt werden. Dadurch sind der Entscheidungshorizont und damit das Risiko für den Kunden überschaubar. Durch den wiederkehrenden Kundenkontakt besteht ebenfalls die Chance, die impliziten Erwartungen frühzeitig zu erkennen, wodurch wiederum das Projektrisiko sinkt.

## Dokumentation

Es geht leider nicht ganz ohne Schriftlichkeit! Je nach Projektgröße, Projektdomäne oder Realisierungsprozess können unterschiedliche Dokumente zum Projektabschluss gefordert werden. Die einen sind eher für den internen, die anderen für den externen Gebrauch gedacht. Wenn dafür keine Vorgaben vorliegen, empfehlen wir, zumindest die Antworten auf die folgenden drei Fragen schriftlich festzuhalten.

- Was wurde erstellt?
- Was wurde getestet?
- Was bedeutet das für den Anwender?

### Was wurde erstellt?

In den meisten Fällen handelt es sich bei einem Softwareprojekt nicht um eine Neuentwicklung, sondern um eine Weiterentwicklung. Aufgrund der Nachvollziehbarkeit sollte in einem *Versionshinweis* (*Release Note*) festgehalten werden, was sich gegenüber der Vorgängerversion verändert hat. Diese Information ist sowohl für interne als auch für externe Stakeholder interessant.

### Was wurde getestet?

Aus Gründen der Nachvollziehbarkeit und der Reproduzierbarkeit sollte eine projektinterne *Testspezifikation* erstellt werden, die aussagt, was wie getestet wurde. Das Resultat sollte aus Qualitätsgründen in einem *Testprotokoll* festgehalten werden. Das Testprotokoll kann sowohl toolgeneriert wie auch integraler Bestandteil der Testspezifikation sein.

### Was bedeutet das für den Anwender?

Eine Zufriedenheit mit einem Softwareprodukt ergibt sich auch aus dessen Verständlichkeit und Handhabbarkeit. Es ist daher sehr zu empfehlen, den Zweck und die Funktion der Software in einer für Kunden verständlichen Sprache zu beschreiben. Jemand, der die Arbeitsweise und die Sprache des Kunden versteht, sollte also das *(Online-)Benutzerhandbuch* und eine allfällige *Schulungsdokumentation* schreiben.

## Lessons Learned

Wir empfehlen, nicht nur zum Projektende *Lessons Learned* durchzuführen, sondern, wie bei agilen Methoden üblich, regelmäßig eine Retrospektive über die vergangene Projektphase durchzuführen. Dies hat den entscheidenden Vorteil, dass Erkenntnisse und Verbesserungen noch im selben Projekt Wirkung zeigen können und die Erfahrung der Teammitglieder zunimmt. Auch andere, parallel laufende Projekte mit ähnlichem Umfeld können davon profitieren. Voraussetzung ist, dass die gewonnenen Erkenntnisse für alle Stakeholder sichtbar sind. Damit ist auch klar, dass die Erkenntnisse rein sachlich festgehalten werden müssen und keine Rückschlüsse auf einzelne Projektmitarbeiter zulassen. Es geht nicht darum, Schuldige zu benennen, sondern darum, als Team besser zu werden. Erfahrung kommt durch Reflexion, alles andere ist nur erlebt!

Es gibt verschiedenste Vorgehensweisen, wie eine Retrospektive durchgeführt werden kann. Meistens werden dabei die Themen Technik, Menschen und Prozesse angeschaut. Wir möchten an dieser Stelle kein bestimmtes Verfahren in den Vordergrund stellen, denn es hat sich gezeigt, dass es sogar hilfreich ist, den Ablauf und die Form der Retrospektive immer wieder neu zu gestalten, weil dadurch die Chance besteht, neue Aspekte zu thematisieren.

## Abschlussfeier

Genau wie beim Projektstart mit dem Kick-off sollte auch nach einem gelungenen Projektabschluss angemessen gemeinsam gefeiert werden. Dies ist nicht nur ein Zeichen der Wertschätzung und Dankbarkeit gegenüber den Mitarbeitern, sondern es fördert auch die gute Zusammenarbeit bei künftigen Projekten. Zudem ist es legitim, stolz auf das Geleistete zu sein und diesem Gefühl einen angemessenen Rahmen zu geben. Stell sicher, dass die dafür nötige Finanzierung und die Zeit im Projektbudget eingeplant sind.

Wie in Kapitel 7, *Projekte starten*, beschrieben, gilt auch hier: So, wie ein Projekt beginnt, so endet es auch! Willst du also einen strukturierten und erfolgreichen Projektabschluss erreichen, musst du dir diesen bereits von Projektbeginn an erarbeiten. Folglich reicht es bei Weitem nicht aus, sich erst dann darum zu kümmern, wenn es vermeintlich so weit ist.

## Essenz

- Strebe einen frühen und kraftvollen Projektabschluss an und plane diesen von Beginn an.
- Versuche, die Projektabnahmekriterien so detailliert wie möglich festzulegen, und sorge dafür, dass diese als interne Anforderung in das Product Backlog einfließen.
- Versuche, Teilresultate so früh wie möglich bei regelmäßigen Kunden-Meetings bestätigen zu lassen.
- Plane rechtzeitig die Erstellung der notwendigen Projektdokumentation ein.
- Führe regelmäßig mit dem ganzen Projektteam eine Retrospektive durch, um von den daraus hervorgehenden Erkenntnissen profitieren zu können – mindestens aber bei Projektabschluss.
- Feiere angemessen den gelungenen Projektabschluss mit dem gesamten Projektteam.

TEIL III

# Rollen und Beziehungen

KAPITEL 12

# Rollen definieren

## IST DAS ROLLENSPIEL LEDIGLICH EIN THEATER?

In den meisten Prozessen und Vorgehensmethoden werden unterschiedliche Rollen definiert. Je größer und komplexer ein Vorhaben ist, desto mehr Rollen werden festgelegt oder drängen sich auf. Es ist nachvollziehbar, wenn manche die Auffassung vertreten, viele Rollen würden ein Projekt nur unnötig aufblähen und die Kosten in die Höhe treiben. Soll ich in meinem Projekt überhaupt Rollen festlegen, oder lass ich das Theater und konzentriere mich auf das, was getan werden muss? Die Antwort lautet: Jein! Den Fokus auf den Projektauftrag zu legen, ist sicherlich nicht falsch, doch der Einsatz der richtigen Rollen unterstützt den Projekterfolg klar. Aber auch hier gilt es, das richtige Maß zu finden.

## Warum braucht es Rollen?

Ein häufiger Umstand, weshalb Rollen in Projekten ungern besetzt oder als störend empfunden werden, liegt darin, dass diese nicht richtig implementiert wurden. Damit eine Rolle wirkungsvoll zum Tragen kommt, muss sie mit ihren Aufgaben, Verantwortungen und Kompetenzen in Einklang sein – wobei es an Aufgaben und übertragenen Verantwortlichkeiten in den meisten Fällen nicht fehlt, ganz im Gegensatz zu den notwendigen Kompetenzen. Die Kompetenzen verbleiben in der Regel beim Projektleiter oder in der Organisation, und zwar ganz nach dem Motto: Wo kommen wir denn hin, wenn jeder selbstständig über Maßnahmen entscheiden kann? Fehlen für die Ausübung einer Rolle die notwendigen Kompetenzen, muss man sich nicht wundern, wenn auch die Verantwortung abgelehnt wird. Dies sind einfach schlechte Voraussetzungen für eine ernsthafte Identifikation mit der Rolle und dem Projekt.

Es ist also wichtig, schon in der Projektvorbereitungsphase das AKV-Prinzip (*AKV: Aufgabe, Kompetenzen, Verantwortung*) anzuwenden, wobei zwingend darauf geachtet werden muss, dass die drei Aspekte des AKV-Prinzips aufeinander abgestimmt und ausgeglichen sind. Damit ist jedem künftigen Rollenträger und jeder Rollenträgerin im Projekt bereits bei der Ressourcenallokation klar, worauf man sich einlässt. Erst jetzt kann man ernsthaft eine Zusage im Sinne eines Commitments erwarten als Basis für die dringend notwendige Identifikation.

## Welche Rollen soll man nun implementieren?

Im Umfeld der Softwareentwicklung wurden im Laufe der Zeit sehr viele Rollen vorgeschlagen und eingeführt, sodass man leicht den Überblick verlieren kann. Sicherlich gibt es nicht die eine Rollenzuteilung, die für alle Projekte passt, aber unsere Erfahrungen haben gezeigt, dass in allen Projekten, so unterschiedlich sie auch sein können, die folgenden vier Rollen mindestens besetzt sein sollten:

- Product Owner (PO)
- Projektleiter (PL)
- Architekt und/oder Programmierer (AR)
- Qualitätsmanager (QM)

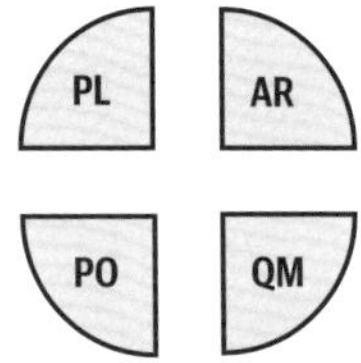


### Product Owner (PO)

In jedem Projekt gibt es eine Person oder eine Personengruppe, die entscheiden kann, was genau in welcher Ausprägung realisiert werden soll. Diese Person kann beurteilen und entscheiden, was wichtiger ist (Prioritäten) und wann ein Arbeitsresultat und/oder das Projekt das Ziel erreicht hat (Abnahme). Diese Person prägt also wesentlich das im Rahmen des Projekts entstehende Produkt und hat damit die Produkteigentümerschaft. Häufig nimmt der Auftraggeber beziehungsweise Sponsor diese Rolle ein.

### Projektleiter (PL)

In jedem Projekt muss es jemanden geben, der sich verpflichtet (committet), unter den zum Meilenstein C definierten Rahmenbedingungen das Projekt zu leiten (siehe Kapitel 4, *Meilensteine definieren*). Diese Person ist die erste Anlaufstelle für alle Stakeholder. Sie organisiert, plant und steuert die Ressourcen und legt fest, wie das Ziel erreicht wird. Der Projektleiter ist also der Prozesseigentümer.

> ## Der richtige Projektleiter
>
> Es gibt nicht »den guten Projektleiter«, der alle Projekte gut leiten kann, denn so einmalig die Projekte sind, so einmalig muss auch der passende Projektleiter sein. Es ist also sehr wichtig, nicht den besten, sondern den passendsten Projektleiter einzusetzen.
>
> Unsere Erfahrungen haben zudem gezeigt, dass es Projektleiter ohne Domänenwissen schwer haben. Es fehlt ihnen das Bauchgefühl, um Projektereignisse zu antizipieren und richtig einzuschätzen.
>
> Und, bist du der richtige Projektleiter für dein spezielles Projekt?

### Architekt (AR)

In jedem Projekt gibt es eine Person oder Personengruppe, die das grundlegende Zusammenspiel der Softwarekomponenten festlegt. Das sind meist Fachleute, die über das Wissen verfügen, mit welcher Technologie die Anforderungen in ihrem Umfeld implementiert werden sollten. Diese Personen sind die Technologieeigentümer.

### Qualitätsmanager (QM)

Jeder Auftraggeber erwartet vom Auftragnehmer (Projektteam), dass die beauftragten Arbeiten in einer hohen oder zumindest klar definierten Qualität umgesetzt werden (siehe Kapitel 9, *Softwarequalität beeinflussen*). Das einfachste Prinzip der Qualitätssicherung ist das Vier-Augen-Prinzip. Das hat nichts mit mangelndem Vertrauen zu tun, sondern mit der Einsicht, dass niemand unfehlbar ist. Vier Augen sehen mehr, insbesondere wenn das zweite Augenpaar eine Außensicht repräsentiert und dadurch die Gefahr der Betriebsblindheit reduziert wird. Diese Person ist der Qualitätsmanager.

## Wie sieht das AKV-Prinzip der Grundrollen aus?

In der nachfolgenden Tabelle ordnen wir jeder dieser vier Grundrollen die mit dem AKV-Prinzip angesprochenen drei Aspekte zu. Zudem ist aus unserer Sicht jede Rolle für einen Schwerpunkt im Projekt zuständig: So beeinflusst beispielsweise der Product Owner die Priorisierung des Product Backlog und damit das WAS und das WANN und sorgt so für die Effektivität im Projekt und dadurch den optimalen Kundennutzen. Auch die drei anderen Rollen beeinflussen ihre Themenfelder: Der Projektleiter sorgt mit dem WIE (wird es getan) für Effizienz im Projekt, der Architekt entscheidet als Technologieverantwortlicher, WIE Anforderungen umgesetzt werden, und der Qualitätsmanager sorgt für die Einhaltung der Verpflichtungen bezüglich der Qualitätsaspekte.

*Tabelle 12-1: AKV-Prinzip der vier Grundrollen*

| Rolle | Aufgaben | Kompetenzen | Verantwortung |
|---|---|---|---|
| Product Owner | | sorgt für die Erreichung der Effektivität | |
| PO | • steuert das Product Backlog<br>• priorisiert | • entscheidet über das WAS und das WANN<br>• nimmt die Arbeitsresultate ab | • Budgetverantwortung<br>• maximaler Kundennutzen |
| Prozesseigentümer | | sorgt für die Erreichung der Effizienz | |
| PL | • Projektabwicklung<br>• Ansprechpartner | • entscheidet über das WIE (die Art der Abwicklung)<br>• Ressourceneinsatz | • Zielerreichung bezüglich Kosten, Termin und Funktionsumfang |
| Technologieeigentümer | | sorgt für die Realisierung der Funktionalität | |
| AR | • setzt Anforderungen um<br>• stellt die Qualität sicher | • entscheidet über das WIE (Architektur)<br>• entscheidet über die Art der Implementierung | • Einhaltung der Anforderungen<br>• Umsetzungsverantwortung |
| Qualitätsmanager | | sorgt für eine Qualitätskultur | |
| QM | • legt die Qualität fest<br>• stellt Vier-Augen-Prinzip sicher | • Freigabe von Projektartefakten (Dokumente, Meilensteine etc.) | • Einhaltung der Qualitätsvorgaben |

### Tipp

Die Anzahl der Rollen erfordert nicht zwingend die gleiche Anzahl an Personen. Beispielsweise kann eine Person gleichzeitig mehrere Rollen einnehmen. Dies hat jedoch Grenzen: einerseits durch die Arbeitsbelastung, andererseits setzen unterschiedliche Rollen unterschiedliche Fähigkeiten und Charaktereigenschaften voraus. Zudem können gewisse Rollen gegenläufige Interessen mit sich bringen. Um diese potenziellen Interessenkonflikte zu vermeiden, sind daher gewisse Kombinationen von Rollen nicht zulässig (siehe Abbildung 12-1 auf Seite 96).

Wie du siehst, verhält es sich mit den Rollen wie bei einem Theaterstück: Sind sie richtig besetzt und mit den notwendigen Kompetenzen ausgestattet, leisten die Rolleninhaber einen gewinnbringenden Projektbeitrag. Richtig zugewiesene Rollen sind essenziell und tragen wesentlich zum Erfolg bei. Lege daher zu Projektbeginn die genannten vier Rollen fest und kümmere dich um eine geeignete Besetzung.

# Essenz

- Eine klar festgelegte Rollenverteilung, die sich an dem AKV-Prinzip orientiert, sorgt für Klarheit und somit für eine Entlastung des Projektleiters sowie für Ruhe im Projekt.
- Der Nutzen einer Rolle ist nur so gut wie deren Besetzung – nur das Organigramm zu vervollständigen, bringt das Projekt nicht weiter.
- Rolleninhaber müssen unbedingt gemäß dem AKV-Prinzip nicht nur mit Aufgaben und Verantwortung, sondern ebenso mit Kompetenzen ausgestattet werden.
- Jedes Projekt sollte mindestens die vier Grundrollen Product Owner, Projektleiter, Architekt und Qualitätsmanager besetzen – sie beeinflussen und steuern jeweils einen wesentlichen Aspekt im Projekt.

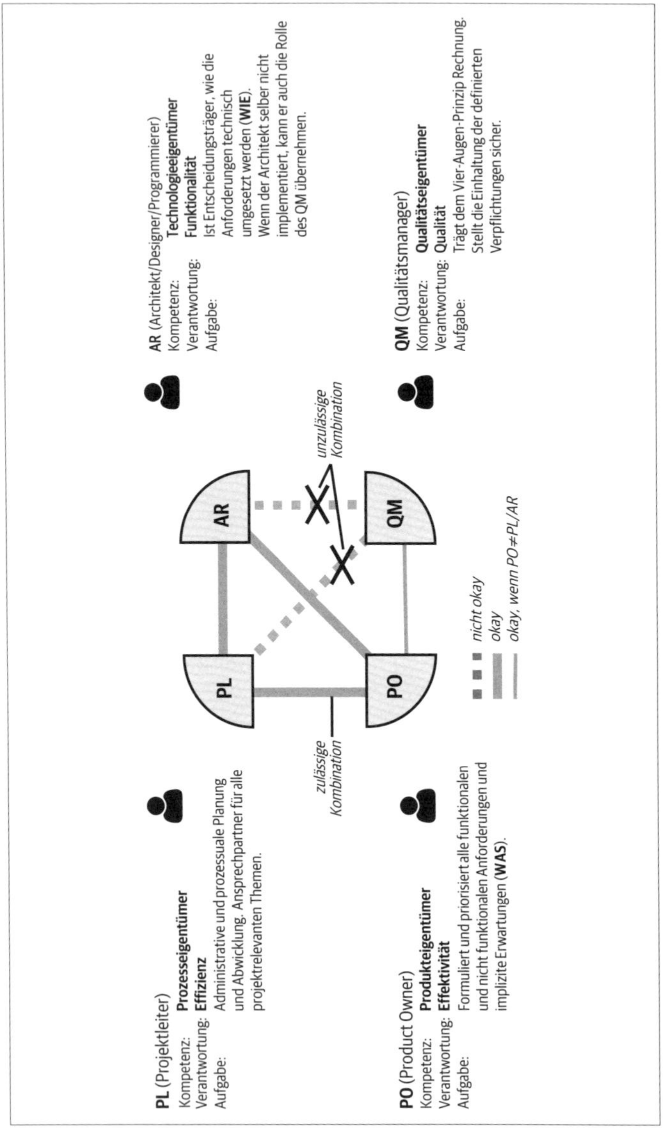


*Abbildung 12-1: Rollenübersicht*

KAPITEL 13

# Projektleiter und Agilität

EIN AUSLAUFMODELL IM AGILEN PROJEKTMANAGEMENT?

Ist in der agilen Welt ein Projektleiter überhaupt noch nötig? Die Frage ist berechtigt, da heutzutage in den meisten Projekten agile Methoden wie Scrum zum Einsatz kommen und damit die drei Rollen Scrum Team, Scrum Master und Product Owner. Der Projektleiter als solcher ist darin nicht vorgesehen. Heißt das, dass der Projektleiter unnütz ist und nicht mehr benötigt wird? Bei Weitem nicht!

Obwohl agile Methoden wie Scrum viel Gutes bewirkt haben, hat die fehlende Rolle des Projektleiters für einige Verwirrung gesorgt, denn Unternehmen planen Projekte, geben dafür ein Budget frei und wollen konkrete Ansprechpartner, die sich um die »geschäftlichen« Faktoren eines Projekts kümmern. Wie lässt sich dieser Konflikt lösen?

## Aufgaben in der Projektführung

In der agilen Welt könnte man sich also fragen, wer eigentlich die Aufgaben erledigt, die bisher durch den Projektleiter übernommen wurden? Betrachten wir für diesen Vergleich die relevanten Rollen und deren Aufgaben:

Der *Scrum Master* trägt in erster Linie die Verantwortung für den Scrum-Prozess und dessen korrekte Implementation. Dabei ist er Vermittler und Unterstützer, strebt ständig Optimierungen an und beseitigt Hindernisse. Darüber hinaus sorgt er für den Informationsaustausch zwischen dem Product Owner und dem Scrum Team, moderiert die Scrum-Meetings und hat die Scrum-Artefakte im Blick (Product Backlog, Sprint Backlog, Product Inkrement). Zu guter Letzt schützt er das Scrum Team vor unberechtigten Eingriffen während des Sprints. Auf den Punkt gebracht: Er ist zuständig für die Effizienz des Scrum Teams.

Der *Product Owner* vertritt in erster Linie die fachliche Auftraggeberseite und somit sämtliche Stakeholder. Damit steht er dem Scrum Team jederzeit für Rückfragen zur Verfügung. Zudem pflegt er das Product Backlog und betrachtet dabei seine Aufgabe aus der Businessperspektive. Er trägt die Verantwortung dafür, dass die richtigen Anforderungen im Product Backlog stehen und dass sie in einer sinnvollen Reihenfolge abgearbeitet werden. Dadurch hat er maßgeblichen Einfluss auf das Arbeitsergebnis und ist um die Effektivität besorgt.

Der *Projektleiter* ist verantwortlich für die operative Planung und Steuerung des Projekts. Er ist für alles Organisatorische zuständig, baut einen strukturellen Rahmen und sorgt für die finanziellen Randbedingungen, in denen das Team agieren kann. Zudem ist er zuständig für die Verträge, die Lieferanten und die Ressourcen im Allgemeinen.

Wie man sieht, haben diese Rollen verschiedene Schwerpunkte, und es kann die eine nicht durch die andere Rolle ersetzt werden. Das heißt, ein Scrum Master ist ebenso wenig ein Projektleiter wie ein Product Owner – und das müssen sie auch nicht sein, denn sie haben jeweils einen anderen Fokus.

Die Frage, die man sich stellen kann, ist, ob alle drei Scrum-Rollen in Summe sämtliche Aufgaben eines Projekts abdecken und somit den Projektleiter ersetzen. Abbildung 13-1 zeigt wesentliche Projektaufgaben und deren Zuweisung zu den Rollen. Es zeigt sich, dass gewisse Aufgaben durchaus von der einen oder anderen Rolle wahrgenommen werden können, letztendlich bleiben aber Aufgaben, die nur einer Rolle zugewiesen sind – und das gilt auch für den Projektleiter.

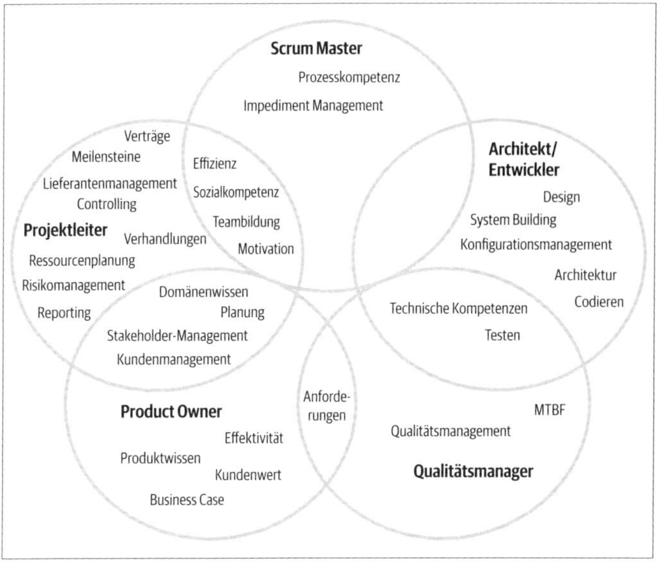


*Abbildung 13-1: Aufgaben in der Projektführung*

# Interner vs. externer Auftraggeber

Ungeachtet der vielen Vorteile, die Scrum hat – es hat auch den Nachteil, dass es für größere Projekte nicht skaliert, denn es ist konzipiert für Teams bestehend aus drei bis neun Entwicklern. Dieser Mangel wurde unlängst erkannt, und entsprechend sprießen Methoden, die die Skalierung von agilen Prozessen ermöglichen – immer mit dem Nachteil, dass neue Aufgaben und Rollen definiert werden. Gemeinsam ist diesen Ansätzen, dass sie die Rolle des Projektleiters meiden.

Unsere Erfahrung zeigt, dass agile Methoden ohne die Rolle des Projektleiters in Projekten mit internem Auftraggeber funktionieren können (z.B. SAFe). In Projekten mit externem Auftraggeber hingegen ist aus unserer Sicht ein Projektleiter zwingend notwendig. Dabei lässt sich der Projektrahmen ideal mit mehreren umsetzenden

Scrum Teams kombinieren. Gleichzeitig profitiert man von umfangreichen Erfahrungen mit den Projektmanagementmethoden der letzten Jahrzehnte, und das resultiert in einem hybriden Vorgehen.

Warum meiden die agilen Methoden die Rolle des Projektleiters so sehr? Wir sind davon überzeugt, dass hier die Angst vorherrscht, dass mit der Rolle des Projektleiters wieder Formalismen eingeführt werden, die Selbstverantwortung den Teams wieder entzogen wird und dadurch die Agilität herabgesetzt werden könnte. Wie oben beschrieben, ist dies aus unserer Sicht kein Widerspruch, denn in größeren Projekten ist beides notwendig, aber jedes auf seiner Ebene.

Aus diesen Gründen sollte man die drei Rollen – insbesondere in großen, komplexen Projekten – separieren in die technische, moderierende Sicht (Scrum Master), die Businesssicht (Product Owner) und die organisatorische Sicht (Projektleiter). Alle drei Rollen sind mit unterschiedlichen Personen zu besetzen, die in ständigem Austausch miteinander stehen sollten.

## Kann man Verantwortung teilen?

Es wird immer wieder behauptet, dass ein (Hochleistungs-)Team auch die Projektverantwortung tragen könne. Solange das Projektschiff durchs ruhige Wasser gleitet, mag dies funktionieren. Doch sobald ein wirklicher Sturm aufkommt, die Situation komplex wird und jede getroffene Entscheidung unangenehme Folgen hat, braucht es jemanden, der »von Amts wegen« das Sagen hat und schnell entscheiden kann. Wobei hier das Wort »schnell« eine ganz wichtige Rolle spielt. In kritischen Situationen ist es essenziell, rechtzeitig eine brauchbare Entscheidung zu fällen und danach zu handeln und nicht auf eine auf demokratische Weise erarbeitete Entscheidung warten zu müssen. Dies kann jeder bestätigen, der schon einmal die Gelegenheit hatte, in einem Krisenstab tätig gewesen zu sein.

Es ist also jemand nötig, der im Krisenfall entscheiden muss und darf. Dies sollte von Beginn an klar sein und kommuniziert werden.

Wie du siehst, benötigt man nach unserer Erfahrung auch im agilen Umfeld einen klaren Ansprechpartner fürs Projekt, und zwar besonders dann, wenn es Schwierigkeiten zu bewältigen gibt und rasche Entscheidungen erforderlich sind. Der Projektleiter ist somit notwendig und kein Auslaufmodell – auch nicht im agilen Umfeld.

## Essenz

- Die drei Scrum-Rollen decken in Summe nicht alle Projektmanagementaufgaben ab.
- Große Projekte und Projekte mit vielen Schnittstellen erfordern mehr Koordination und Kommunikation – speziell Projekte mit einem externen Auftraggeber.
- Verantwortung lässt sich letztendlich nicht teilen – besonders nicht in schwierigen Situationen, wenn rasche Entscheidungen notwendig sind.
- Die Rolle des Projektleiters ist nach wie vor notwendig – auch im agilen Umfeld.

# KAPITEL 14

# Teams bilden

## PRODUKTIONSFAKTOR MENSCH

Software ist ein immaterieller Werkstoff mit fast unendlichen Einsatzmöglichkeiten. Er findet seine praktischen Grenzen lediglich in der Vorstellungskraft der Entwicklerinnen und Entwickler und in der Finanzkraft der Auftraggeber. Es sind also die Mitarbeiter unseres Projekts, die durch ihre Vorstellungskraft das Material Software zum gewünschten Programm formen. Deswegen kommt es in erster Linie auf die Menschen an und nicht auf großartige Maschinen oder Werkzeuge. Für ein erfolgreiches Projekt sind mit Blick auf die Ressourcen daher vor allem zwei Fragen entscheidend:

- Haben wir die *richtigen* Leute?
- Haben wir *genug* Leute?

In diesem Kapitel geht es um die Frage nach den *richtigen* Leuten. Das Thema »genug Leute« behandelt das Kapitel 5, *Ressourcen managen*.

## Kopf- versus Handarbeit

Softwareentwicklung ist eine wissens- und kommunikationsintensive Tätigkeit mit hohem Kreativitätsfaktor und somit eine durch und durch geistige Arbeit. Unsere Mitarbeiterinnen und Mitarbeiter sind also Wissensarbeiter, und für diese gelten andere Grundgesetze als für klassische (Produktions-)Arbeiter. Die einfache Denkweise, dass zwei Arbeiter doppelt so schnell sind wie einer, gilt hier also nicht. Der Produktivitätsunterschied zwischen zwei Entwicklern kann schnell den Faktor fünf bis zehn erreichen und ist somit deutlich höher als bei klassischen (Produktions-)Arbeitern. Je nach

Problemstellung kann die Aufgabe sogar für viele Entwicklerinnen und Entwickler unlösbar sein. Das richtige Wissen, die Kreativität und die entsprechende Erfahrung der Mitarbeiter sind absolut entscheidend. Du als Projektleiter solltest also die für dein Projekt geeigneten Topmitarbeiter in deinem Team haben. Tom DeMarco hat in seinem Buch mit dem treffenden englischen Titel »Peopleware« [DeMa14] schon früh darauf aufmerksam gemacht. Vor diesem Hintergrund ist die Zusammenstellung deines Projektteams also sehr wichtig.

### Vergleichskriterium Stundensatz

In der Softwareentwicklung ist der Stundensatz der (externen) Mitarbeiter eine wichtige Komponente, weil dieser die Kosten direkt beeinflusst und einfach vergleichbar ist. Daher wird als Kostenvergleich zweier Mitarbeiter oft nur der Stundensatz herangezogen und damit fälschlicherweise das bekannte Muster des Produktionsmitarbeiters auf den Wissensarbeiter übertragen. Was bei diesem Vergleich viel zu wenig Beachtung findet, ist der Produktivitätsunterschied, der wesentlich größer ausfallen kann als der Stundensatzunterschied. Denn der eigentliche Kostenunterschied zweier Mitarbeiter liegt in der Produktivität und entsteht nicht durch den Stundensatz.

Zudem ist die Kreativität ein wesentlicher Faktor, den es zu beachten gilt – allerdings lässt sich diese nicht einfach verordnen. Hier kannst du lediglich Rahmenbedingungen schaffen, die diese fördern.

## Wer sind die Richtigen?

Bei der Wahl des richtigen Mitarbeiters halten wir uns an folgende Fragen: Kann er? Will er? Passt er?

### Kann er?

Das Ziel ist, einen in hohem Maße produktiven Mitarbeiter zu finden. Diese Eigenschaft hat beim Wissensarbeiter weniger mit Fleiß zu tun als mit dessen sehr guten *Fähigkeiten*, die modernen Softwareentwicklungsmethoden anwenden zu können. Wer beispielsweise generische Designs verwendet, erzeugt Software, die sehr viel einfacher erweiterbar und wartbar ist. Beides wirkt sich auf die Produktivität aus. Natürlich kann man sein Wissen im Laufe der Zeit erweitern, eine gewisse Affinität für das Programmieren muss man aber mitbringen. Es geht also darum, jemanden zu finden, der diesen Anforderungen genügt oder zumindest das Potenzial dazu mitbringt.

### Will er?

Die Versuche, Mitarbeiter zu einer Höchstleistung zu motivieren, haben sehr häufig nur eine zeitlich begrenzte Wirkung, weil sie entweder auf monetären Anreizen wie Inzentiven, Boni, Sonderprämien etc. basieren oder auf Ängsten beruhen, erzeugt beispielsweise mittels Aussagen wie: »Wenn wir das nicht schaffen, sind wir weg vom Markt.« Möchte man Mitarbeiter stattdessen zu dauerhaft guten und herausragenden Leistungen anspornen, muss ein Umfeld geschaffen werden, das eine *intrinsische Motivation* möglich macht. Dazu gehört, dass jeder Mitarbeiter seine Tätigkeit als sinnvoll und ethisch korrekt betrachten und sich mit der Domäne und dem zu entwickelnden Produkt in hohem Maße identifizieren kann.

### Passt er?

Softwareentwicklung ist Teamsport, denn große Applikationen lassen sich nur von großen Teams erstellen. Zudem werden die verschiedenen Aufgaben auf verschiedene Rollen verteilt, die miteinander optimal interagieren müssen (siehe Kapitel 12, *Rollen definieren*). Es genügt also nicht, Menschen im Team zu haben, die fähig und motiviert sind, sie müssen auch *Teamplayer* sein.

Auf alle drei genannten Punkte ist bereits bei der Rekrutierung der Mitarbeiter zu achten.

## Ein Topteam formen

Mit dem oben beschriebenen Vorgehen haben wir die richtigen Personen gefunden. Nun geht es darum, aus ihnen ein Topteam zu formen, denn spätestens seit Aristoteles wissen wir, dass das Ganze mehr ist als die Summe seiner Teile. Und genau hier liegt ein weiterer Hebel. Denn wie man beispielsweise im Sport oft beobachtet, kann ein Team, das ein gemeinsames Ziel vor Augen hat, den richtigen Umgang miteinander pflegt und füreinander einsteht, über sich hinauswachsen. Dazu braucht es ein klares Zusammenspiel, gelebte Feedback-Kultur und einen Fokus. Um diese Teambildung musst du dich kümmern!

## Zusammenspiel

Zu den von vornherein klaren Rollen zählen zunächst die Rollen aus dem Prozess (siehe Kapitel 12, *Rollen definieren*). Diese sollten passend besetzt werden, und die Aufgaben der entsprechenden Personen müssen klar kommuniziert werden. Es ist wichtig, dass jeder genau versteht, welchen Beitrag er zum Ganzen leistet und welchen Mehrwert die anderen erbringen. Sind die Rollen so besetzt, gilt es sicherzustellen, dass sie gemäß den Prozessen und Arbeitsabläufen eingeübt sind und reibungslos ablaufen. Menschen, die in einer effektiven Arbeitsumgebung mit wenigen organisatorischen Hürden arbeiten, sind deutlich kreativer und produktiver. Dies muss man gemeinsam im Team immer wieder hinterfragen und verbessern. Kommen dann neue Aufgaben auf das Team zu, soll sich dieses selbst organisieren, an die neuen Gegebenheiten adaptieren und so den optimalen Zustand erneut sicherstellen.

## Kultur

Um sich als Topteam zu entfalten, ist ein angstfreier Raum notwendig, in dem das Team Lösungsansätze kreieren und diese auch ausprobieren darf. Dabei ist das Fehlermachen ausdrücklich erwünscht und das Lernen daraus Programm – wie man es von agilen Vorgehensweisen her kennt. Diese Art der Zusammenarbeit braucht Spielregeln, die sicherstellen, dass sich jedes Teammitglied ohne Sanktionen ausleben kann. Neben der gelebten Fehlerkultur gehört zu jedem Topteam eine Feedback-Kultur. Diese soll direkt in der Situation in der Gruppe umgesetzt werden. Dabei geht es nie darum, jemanden bloßzustellen, sondern darum, sofort und mit konkretem Bezug auf den betreffenden Sachverhalt Rückmeldung zu geben. So findet rasches und konkretes Lernen statt. Dank den im Projekt-

Kick-off vereinbarten Spielregeln hat das nichts mit Unhöflichkeit zu tun, sondern es dient dem gemeinsamen Ziel (siehe Kapitel 7, *Projekte starten*).

### Fokus

Um als Team die anstehenden Aufgaben bestmöglich umsetzen zu können, braucht es einen Fokus. Fokus heißt, dass alle ihre Aufgabe genau kennen und sich zum Projektziel bekennen (Commitment), dass sie sich diesem voll und ganz zuwenden und somit auch zeitlich voll und ganz an diesem einen Projekt arbeiten. Zu oft kommt es vor, dass von Teammitgliedern erwartet wird, dass sie sich zeitlich auf diverse Teilaufgaben aufteilen – das Resultat ist wohl den meisten bekannt.

Um diesen Fokus auch äußerlich zu unterstützen, hilft die Raumgestaltung. Hierbei sprechen wir nicht von Rutschbahnen und Gourmetküche, sondern davon, dass das ganze Team im selben Raum sitzt und so jederzeit eine optimale Kommunikation sichergestellt ist. In Zeiten moderner Kommunikationsmittel mag dies befremdlich anmuten, es hat aber klare Vorteile: Schlussendlich geht es darum, dass die Arbeit im Team fließen kann beziehungsweise ein positiver »Flow« entsteht. Das heißt, alles geht Hand in Hand, Entscheidungen können direkt gefällt werden, und alle bekommen automatisch die aktuellen Informationen ohne Extrasitzungen mit. Fokus heißt somit: ein Projekt, ein Ziel, ein Team, ein Raum.

Software ist ein immaterielles Gut, und die Produktivität bei der Erstellung von Programmen hängt wesentlich sowohl von den Fähigkeiten der einzelnen Entwickler als auch von der Teamleistung ab. Wähle also deine Teammitglieder bewusst aus und schaffe günstige Voraussetzungen, um ein Topteam zu formen.

## Essenz

- Die Produktivität zweier Programmierer kann sich um den Faktor fünf bis zehn unterscheiden.

- Bei der Wahl des Mitarbeiter gilt: Kann er, will er, passt er? Gefragt sind fachliche Kompetenzen, intrinsische Motivation und Teamplayer-Eignung.
- Bei dem Formen zu einem Topteam geht es um ein optimales Zusammenspiel des Teams, eine Feedback-Kultur und den Fokus auf das gemeinsame Ziel.
- Produktivität, Motivation und Kreativität im Team kann man nicht erzwingen, man kann lediglich die dafür notwendigen Voraussetzungen schaffen.
- »Ressourcen« sind Menschen, die auch so behandelt werden wollen.

KAPITEL 15

# Stakeholder einbeziehen

## STAKEHOLDER – DIE HEIMLICHE MACHT?

Das Ziel eines jeden Projektleiters ist es, den Projekterfolg optimal zu gewährleisten. Dazu richtet man den Blick gern auf das korrekte Anwenden der Projektmanagementmethoden, wie z.B. Planung, Ressourcen, Prozesse oder Werkzeuge, und versucht sicherzustellen, dass diese immer ihren optimalen Beitrag zum Projektfortschritt leisten. Dabei wird der Blick auf die Menschen und ihre Interessen im Projektumfeld oft etwas vergessen. Das Projekt ist aber in ein Umfeld eingebettet, das mit dem Projekt interagiert – ob man dies will oder nicht. Genau hier kommt das Stakeholder-Management ins Spiel.

Stakeholder sind Interessengruppen, die das Projekt unterstützen und zu dessen Erfolg sie beitragen wollen – was gibt es da weiter zu verstehen? Nun, das mag in einer idealen Projektwelt so sein. Leider ist die Welt nicht ideal, und einige der Stakeholder haben ihre eigenen Pläne. Daher ist es wichtig, dass du die Stakeholder klar vor Augen hast und ihre wahren Interessen frühzeitig kennst. Und ja, Stakeholder zu pflegen, macht Arbeit. Und ja, du sollst, falsch, du musst dies tun!

## Verbündete gewinnen

Gemäß der Norm ISO 10006 sind die Stakeholder eines Projekts alle Personen, die ein Interesse am Projekt haben oder von diesem in irgendeiner Weise betroffen sind. Man findet sie also mit dem Blick nach innen: z.B. das Team, das Management, das das Projekt begleitet, oder die Mitarbeiter im Support, die einen Beitrag zum

Projekt leisten. Genauso findet man sie aber mit dem Blick nach außen: beispielsweise als Lieferanten, Kunden oder Behörden. Alle diese Parteien wirken bewusst oder unbewusst auf das Projekt ein und haben ihre *eigenen* Interessen!

Es ist wichtig, dass du dir von Projektbeginn an Gedanken über deine Stakeholder machst, diese identifizierst und einordnest: Wer hat welche Interessen, wer ist meinem Projekt gut gesinnt, und wem könnte das Projekt eher ein Dorn im Auge sein?

Bei dieser Betrachtung fällt der Blick rasch auf die kritischen Stakeholder, die das Projekt gefährden oder gar zum Scheitern bringen können. Diese sind wichtig für dich, scheue dich daher nicht, den direkten Kontakt zu ihnen zu suchen, und ergründe deren Interessen. Oft findest du Ansätze dazu, wie du mit wenig Aufwand einem kritischen Stakeholder ein Zugeständnis machen kannst, ohne dein Projekt zu gefährden. Sei dir aber auch bewusst, dass man es nicht allen recht machen kann (muss) – und das ist völlig okay.

Natürlich ist es nicht in allen Fällen so einfach – hier können unter anderem Verbündete helfen. Daher ist es bei der Identifikation der Stakeholder genauso wichtig, zu prüfen, wer dem Projekt gut gesinnt und bereit ist, es in schwierigen Situationen zu unterstützen. Vielleicht kann so eine Person im richtigen Moment ein gewichtiges Wort für das Projekt einlegen oder einen kritisch gesinnten Stakeholder etwas besänftigen. Betreibe also bewusst Networking!

Hand in Hand mit der Identifikation der Stakeholder geht natürlich deren Analyse. Dafür gibt es eine klare Vorgehensweise und eine Vielzahl von grafischen Darstellungen. Wirklich wichtig ist aber, dass man einen Schritt auf die Menschen zu macht, den Kontakt sucht und nicht am eigenen Schreibtisch verharrt.

Da sich die Interessen der Stakeholder im Verlauf der Zeit wieder ändern können, solltest du dein Umfeld regelmäßig überprüfen.

## Vertrauen aufbauen

Der Projektleiter hat also mit einer Vielzahl von Interessengruppen zu tun. Daraus ergeben sich auch schwierige Situationen und Gespräche, die es zu meistern gilt. Das fällt leichter, je besser man sich kennt und je mehr man sich gegenseitig vertraut. Vertrauen dieser Art ist aber nicht per se vorhanden, sondern muss aufgebaut werden.

Typischerweise geschieht dies weniger unter Schönwetterbedingungen, sondern eher in schwierigen Situationen. Gerade bei Begegnungen in Stresssituationen gilt es, wann immer möglich so zu kommunizieren, dass man jederzeit wieder aufeinander zugehen kann, sich als verlässlich erweist und so sein Vertrauenskonto erhöht (siehe Kapitel 16, *Schwierigkeiten anpacken*). Dies gilt speziell für den Projektleiter, der als Aushängeschild seines Projekts automatisch unter besonderer Beobachtung steht.

Der eigene Auftritt und die eigene Verlässlichkeit sind also wichtig, denn mit Menschen, die partnerschaftlich, kompetent und vertrauensvoll mit einem umgehen, arbeitet man gern zusammen – sei es als Mitarbeiter, Manager, Lieferant oder Kunde. Solche Menschen haben auch in schwierigen Situationen Kredit und werden entsprechend unterstützt. Genau das braucht es im Projektmanagement immer wieder. Daher ist Vertrauen die wahre Währung des Projektleiters!

Wie schätzt du deine Außenwirkung im Projekt ein? Frag doch mal dein Umfeld.

## Positive Nachrichten senden

Als Projektleiter ist man zwangsläufig Vertreter und Botschafter seines Projekts, man wird entsprechend wahrgenommen und hinterlässt mit jedem Auftritt bei seinem Gegenüber Eindrücke. Diese Außenwirkung als Projektleiter ist aber nicht nur Bürde, sondern kann auch gezielt genutzt werden. Rückt man sein Projekt in den passenden Momenten ins richtige Licht und macht unaufdringlich etwas Werbung dafür, erzeugt man im Projektumfeld automatisch Wohlwollen. Dieses Wohlwollen kommt dem Projekt in entscheidenden Momenten immer wieder zugute (siehe Kapitel 7, *Projekte starten*). Betreibe also aktiv Projektmarketing!

Das Projekt wird von den Interessengruppen im Umfeld beeinflusst, ob man will oder nicht. Daher ist es besser, sich mit ihnen zu beschäftigen und auf sie zuzugehen. Durch den aktiven und direkten Kontakt zu den Stakeholdern hast du die Chance, das eine oder andere zu deinen Gunsten positiv zu beeinflussen und die »Macht« der Stakeholder für dich zu nutzen!

## Essenz

- Nimm dir Zeit, deine Stakeholder zu identifizieren und deren Interessen zu verstehen.
- Positiv gesinnte Stakeholder sind genauso wichtig wie die Kritiker.
- Gehe auf deine Stakeholder bewusst zu und betreibe Networking.
- Sei ein verlässlicher Partner und baue Vertrauen auf.
- Vertrauen ist die wahre Währung des Projektleiters.

KAPITEL 16

# Schwierigkeiten anpacken

SCHWIERIGKEITEN IM PROJEKT – UND WAS JETZT?

Schwierigkeiten gehören zu einem Projekt wie Schatten zum Licht. Dies ist eine Tatsache und weiter nicht schlimm, sondern liegt in der Natur der Sache. Die Frage ist lediglich: Wie gehen wir damit um?

## Umgang mit Schwierigkeiten

Wenn wir ehrlich sind, spürt man frühzeitig, dass ein Problem entsteht, denn die meisten Schwierigkeiten kommen nicht über Nacht, sondern wachsen langsam heran. Leider neigen wir in solchen Situationen dazu, wegzuschauen und passiv zu bleiben, bis sich das Problem nicht mehr ignorieren lässt. Erst dann setzen wir uns notgedrungen damit auseinander. Weil dadurch der Handlungsspielraum stetig kleiner wird, ist dieses Verhalten für den Projekterfolg hinderlich. Daher ist es als Projektleiter wichtig, bei Schwierigkeiten frühzeitig hinzuschauen und rasch aktiv zu werden!

Noch günstiger ist es, wenn man versucht, möglichen Schwierigkeiten zuvorzukommen. Öffnet man den Blick bewusst für die in naher Zukunft anfallenden Aufgaben, lassen sich mögliche Schwierigkeiten oft bereits erahnen. Diese gilt es dann rasch zu identifizieren und aktiv anzugehen, sodass sie gar nicht erst auftreten. Vorausschauendes Handeln beugt Schwierigkeiten vor und schafft dadurch Freiräume.

## Arten von Schwierigkeiten

Im Wesentlichen gibt es sachliche und zwischenmenschliche Schwierigkeiten. Beide sind für den Projekterfolg gleichermaßen wichtig und aus dem Weg zu räumen. Sachliche Probleme sind größtenteils einfacher zu lösen und folgen diesem Muster: die richtigen Leute einladen, sich einen grundlegenden Überblick verschaffen, eine Lösung finden. Dagegen sind zwischenmenschliche Probleme oft schwieriger zu handhaben. Einfache Patentrezepte gibt es hier nicht, aber hilfreiche Ansätze. Aus unserer Erfahrung lohnt es sich, rasch das Gespräch unter vier Augen zu suchen und das Problem direkt anzusprechen. Dabei gilt es, Lösungen zu suchen und nicht die Schuldigen. Voraussetzung dafür ist gutes Zuhören und gegenseitiges Vertrauen. Manchmal ist aber auch Führung erforderlich, und es muss ein Zeichen gesetzt werden. Entscheidend dabei ist, dass immer die Sache im Vordergrund steht und die Würde aller Betroffenen gewahrt bleibt. Dazu gehört auch, dass die Tür nie vollständig geschlossen wird, sondern immer ein Stück weit offen bleibt. Dann ist man nicht selten überrascht, dass man trotz allem auf Verständnis stößt und zusammen weiterkommt.

## Was heißt das für den Projektleiter?

Natürlich können schwierige Situationen im Projekt für den Projektleiter belastend sein, speziell wenn man keinen Lösungsansatz erkennt oder das Problem als erheblich einstuft. Insbesondere weniger erfahrene Projektleiter neigen dazu, alle Projektvorgaben möglichst perfekt und umfassend umsetzen zu wollen, dabei wäre es wichtig, priorisiert und effektiv zu handeln.

Für einen Projektleiter kann es in belastenden Situationen zudem hilfreich sein, geeignete Gesprächspartner um sich zu wissen. Je nach Anliegen können das sogar mehrere gleichzeitig sein wie beispielsweise das Team, der Mentor oder der Co-Projektleiter. Einige der Schwierigkeiten lassen sich sehr gut im Team besprechen und lösen, das daran selbst wachsen und seinen Zusammenhalt ausbauen kann. Das Team ist aber nicht für jeden Problemkreis der optimale Gesprächspartner – für solche Anliegen ist oft ein Mentor oder Vorgesetzter wertvoller.

Eine weitere Möglichkeit ist die Doppelbesetzung der Projektleitung. Damit haben wir in großen Projekten sehr gute Erfahrungen gemacht, wobei sich die Projektleitung in einen kommerziellen Projektleiter nach außen (Kunde, Stakeholder, Verträge etc.) und einen technischen Projektleiter nach innen (Umsetzung des Projekts, Team, Sublieferanten etc.) aufteilen lässt.

Wie du siehst, lohnt es sich, gezielt geeignete Gesprächspartner in deinem Umfeld aufzubauen. Welche Gesprächspartner hast du für deine Projektanliegen?

Schwierigkeiten sind normal in Projekten. Wichtig ist, ihnen rasch und aktiv zu begegnen. Im Idealfall kannst du einige Schwierigkeiten sogar erahnen und vorwegnehmen. Auch zwischenmenschliche Probleme gehören zum Projektalltag, und die gilt es ebenfalls zu lösen. Dabei kann es für dich hilfreich sein, gute Gesprächspartner als Ansprechpartner zu haben. Mit diesen Hilfestellungen erscheint die Frage »Schwierigkeiten im Projekt – und was jetzt?« hoffentlich in einem helleren Licht.

# Essenz

- Schwierigkeiten gehören zum Projektgeschäft – das ist okay.
- Nicht weg-, sondern hinschauen und den Handlungsspielraum nutzen.
- Löse aufkommende Probleme sofort und nachhaltig, ganz im Sinne von »just do it«.
- Es gilt, Schwierigkeiten zu antizipieren und entsprechend zu handeln.
- Sieh dich nach Kontakten um, die dir im Krisenfall mit Rat zur Seite stehen können, pflege diese Beziehungen und suche gezielt Rat.

KAPITEL 17

# Agilität in Projekten

### WAS IST DAS WESEN DER AGILITÄT?

Agilen Vorgehensmodellen begegnet man inzwischen überall, und sie verheißen, Projekte erfolgreich ins Ziel zu bringen. Ist das so? Vermögen agile Ansätze die Erwartungen, die mit ihnen verbunden werden, zu erfüllen? Um Agilität richtig einsetzen zu können, muss man vorgängig das Wesen der Agilität verstehen. Dazu möchten wir nachfolgend den Wert, den Kern und die Grenzen der Agilität aufzeigen.

## Werte der Agilität

In diesem Buch haben wir viel über Projekte und herkömmliche Vorgehensweisen gesprochen. Das Thema Agilität wurde nur punktuell behandelt. Es könnte der Eindruck entstehen, wir würden nicht viel von Agilität im Projektmanagement halten. Das Gegenteil ist der Fall. Wir sehen uns als Agilisten der ersten Stunde. Bereits im Jahr 2003, als Scrum und dergleichen noch nicht in aller Munde waren, haben wir ein eigenes agiles Vorgehensmodell definiert. Wir nannten es damals Inkrementell-Iterativer Prozess. Grund dafür war die Einsicht, dass das bevorstehende Projekt zu groß, zu komplex, zu lang und zu undefiniert war, um es im herkömmlichen V-Modell abwickeln zu können. Wir konnten uns nicht vorstellen, dass nach mehrjähriger Entwicklung am Schluss auf Anhieb alles zusammenpassen würde. Um den »Big Bang« zu vermeiden, suchten wir nach Möglichkeiten, Erkenntnisse viel früher zu gewinnen.

Das waren damals unsere Vorgaben und Werte:

- Schnelle (Teil-)Resultate durch kurze Feedback-Zyklen, was bedeutet, schnell Gewissheit darüber zu erlangen, ob unser technischer Lösungsansatz die Kundenanforderungen erfüllen wird.
- Hohe Flexibilität in der Umsetzung der unklaren Anforderungen.
- Kontinuierliche Verbesserung.
- Absolute Ruhe während einer Iteration, damit sich die Entwickler zu 100% auf ein Thema konzentrieren können, also möglichst keine Task-Wechsel.
- Klare Rollenaufteilung für klare Verantwortlichkeiten mit dem Ziel, dass die Kompetenzen bei den Fachexperten liegen (gesunder Menschenverstand vor Prozesseinhaltung).
- Klare Qualitätsvorgaben, das heißt eine klare Vereinbarung darüber, wann eine Aufgabe wirklich fertig ist. Heute würde man von *Definition of Done* sprechen.

## Iterativ vs. inkrementell

**Iterativ** beschreibt das Vorgehen der schrittweisen Annäherung an die endgültige Lösung. Diese einzelnen Schritte werden Iterationen genannt. Jede abgeschlossene Iteration liefert dabei einen funktionierenden Zwischenstand des Produkts. Der Vorteil eines iterativen Vorgehens ist, schnell zu lernen und erkanntes Verbesserungspotenzial im folgenden Inkrement umzusetzen. Damit kann das Projekt direkt von den eigenen Erkenntnissen schnell profitieren. Im agilen Umfeld spricht man von »inspect and adapt«.

**Inkrementell** bedeutet hingegen, dass mit jeder Iteration zusätzliche Funktionalität hinzugefügt wird und das System so von Iteration zu Iteration wächst. Die Funktionalität wird dadurch laufend erweitert. Der Vorteil eines inkrementellen Vorgehens ist die technische Risikominimierung sowie frühzeitiges Kunden-Feedback dank früher lauffähiger Teilapplikationen.

Beide Vorgehensweisen unterstützen das Minimum Viable Product (MVP) mit dem Ziel, rasch ein erstes lauffähiges Produkt zu haben und dieses dank frühzeitigem Kunden-Feedback zu erweitern. Das Ziel dieser Strategie ist die Vermeidung von Produkten, die die Kunden gar nicht wollen.

Ziel dieser Aspekte war, die Ungewissheit und die Komplexität im Projekt möglichst schnell in den Griff zu bekommen. Mit anderen Worten, Agilität ist die logische Antwort auf die Lösung von komplexen Aufgabenstellungen. Aus dieser Sicht repräsentieren die obigen Punkte auch heute noch die meisten agilen Werte, auch wenn diese mittlerweile klarer umschrieben sind. Nicht eingeflossen sind damals die Werte aus dem Agilen Manifest [TAM01]. Dieses war uns zu der Zeit nicht bekannt, obwohl es bereits existierte. Implizit haben wir uns weitgehend daran gehalten, weil die im Manifest erwähnten Punkte dem gesunden Menschenverstand entsprechen. Es ist also sinnvoll, die Werte des Agilen Manifests bei allen Arten von Projekten anzuwenden, unabhängig davon, ob diese agil oder prozessual umgesetzt werden. Denn sie sind richtig, wichtig und vernünftig.

## Kern der Agilität

Agilität und Stabilität verhalten sich wie Yin und Yang, was bedeutet, dass der Kern der Agilität in der Stabilität liegt. Dazu zwei Beispiele:

### Teams

Damit sich ein Team zu einem Topteam entwickeln kann, braucht es nicht nur Zeit, sondern auch ein Umfeld mit idealen Bedingungen. Ändert sich das Umfeld oder die Zusammensetzung des Teams, kann dies die Teamleistung wesentlich beeinflussen und nachhaltig reduzieren. Beabsichtigt man, mittels der agilen Transformation flexible und selbstorganisierende Teams aufzubauen, muss man gleichzeitig für eine stabile Umgebung und eine stabile Teamstruktur sorgen.

### Kultur

Agilität ist im Kern kein Prozess, keine Methode und erst recht nicht die Lösung sämtlicher Probleme, sondern eine Grundhaltung und damit eine Frage der Kultur. Kultur lässt sich nicht befehlen oder kurzfristig ändern. Kultur ist eine Größe, die sich in einer Gemeinschaft nur evolutionär, also langsam bildet und verändern lässt.

Die alleinige Einführung von agilen Methoden und Praktiken werden nicht ausreichen, die vorhandenen Werte und verinnerlichten Regeln der Mitarbeiter schlagartig zu verändern. Möchte man eine Organisation aufbauen, die imstande ist, rasch Veränderungen umsetzen zu können, muss zuerst eine Kultur vorhanden sein, die Änderungen akzeptiert, basierend auf dem Vertrauen, dass Veränderungen nicht mit persönlichen Verlusten einhergehen. Der Wille zur kontinuierlichen Verbesserung und damit zur kontinuierlichen Veränderung basiert folglich auf einer transparenten und stabilen Wertehaltung, mit der sich die Mitarbeiterinnen und Mitarbeiter identifizieren können. Dazu gibt es eine schöne Metapher von Lukas Michel (Gründer und Manager bei agilityinsights.net), die besagt, dass eine Spiralfeder ohne Haltepunkt ihre Flexibilität nicht zeigen kann und dadurch nicht mehr als ein Stück Metall ist.

Die Stabilität ist also der Haltepunkt oder der Rahmen, in dem sich die Agilität gewinnbringend entwickeln kann. Nur agil zu sein, ist chaotisch.

# Grenzen der Agilität

## Agile Vorgehensmodelle skalieren nicht!

Agiles Arbeiten beginnt oft mit der Einführung eines Scrum-Teams in der Entwicklung. Erste Verbesserungen sind erkennbar, und der Ruf nach einer Ausweitung im Unternehmen folgt rasch. Wie skaliert man aber agiles Vorgehen über das Team hinaus? Typischerweise wendet man das Vorgehen auf die gesamte Entwicklung an, stellt dann aber fest, dass die Schnittstellen zu den angrenzenden Unternehmensbereichen ebenfalls davon tangiert sind. Hier hilft Scrum nicht weiter. Begibt man sich auf die Suche nach größeren agilen Frameworks, findet man Vertreter wie SAFe, Nexus oder Scrum@Scale. Die Anzahl der Vorgehensmodelle spricht dabei für sich.

Ein Blick auf das Vorgehensmodell von SAFe zeigt ein umfangreiches Modell mit vielen neuen Rollen und Prozessen. Zum einen liegt es in der Natur der Sache, dass beim Involvieren weiterer Unternehmensbereiche neue Rollen und Aufgaben abgebildet werden müssen, zum anderen stellt sich aber die Frage, ob das noch wirklich agil ist. Zumindest der erste Wert des Agilen Manifests (*Individuen und Interaktionen mehr als Prozesse und Werkzeuge*) scheint damit nicht erfüllt zu sein.

Es ist aber nicht nur das Problem der Prozessmodelle, dass die Skalierung von agilen Ansätzen so schwierig ist. Große Firmen haben sich seit Jahren darauf spezialisiert, Arbeiten zu standardisieren und Problemen mit Prozessen zu begegnen. Treten neue Probleme auf, werden zu deren Vermeidung neue Prozesse eingeführt. Diese über Jahre verinnerlichte Arbeitsweise führt dazu, dass Agilität als Prozess verstanden und umgesetzt wird. Dabei geht es vor allem um Kultur und Werte.

Agilität im Sinne des Agilen Manifests lässt sich folglich nur im Kleinen voll umsetzen. Skalierte Modelle sind zwar möglich, erfordern aber zwingend zusätzliche Regeln, Strukturen und Prozesse.

Das Wesen der Agilität ist im Kern weder ein Prozess noch eine Methode. Es geht um eine entsprechende Kultur und eine Wertehaltung. Somit geht es nicht um die Einführung eines neuen Prozesses, sondern um einen Kulturwandel im Unternehmen. Projekte stellen dabei den Rahmen, in dem die Umsetzung in agiler Form erfolgt. Damit ist Agilität kein Widerspruch zum Projektmanagement.

KAPITEL 18

# Starthilfe

ENTSCHEIDUNGSHILFE FÜR VORGEHENSMODELLE UND TAILORING

Mit diesem Buch wollen wir aufzeigen, dass jedes Projekt einzigartig ist und entsprechend kein standardisiertes Vorgehensmodell eins zu eins passen kann. Versteht man aber die Essenz der einzelnen Aktivitäten sowie die Besonderheiten des eigenen Projekts, ist man weniger ans Vorgehensmodell gebunden und kann dieses viel bewusster an sein Projekt anpassen.

## Welches Vorgehensmodell passt nun?

Wir haben gesehen, dass es verschiedene Vorgehensmodelle gibt und dass die Wahl des für das eigene Projekt passenden Modells vom Typ und vom Fachgebiet der eigenen Software abhängt. Nun stellst du dir sicher die Frage, welches Vorgehensmodell als Ausgangspunkt für dein Projekt am besten passt. Um diese Frage beantworten zu können, ist die Aufgabenstellung des eigenen Projekts ein zentraler Punkt. Ist diese einfach, kompliziert oder gar komplex?

Für einen besseren Überblick über die Zusammenhänge zwischen den verschiedenen Typen von Aufgabenstellungen und den passenden Vorgehensmodellen kann die abgewandelte Stacey-Matrix sorgen (siehe Abbildung 18-1). Diese wurde ursprünglich von Ralph D. Stacey zur Entscheidungsfindung in komplexen Situationen erdacht und später von Prof. A. Komus und S. Schmidt für die Auswahl der richtigen Projektmanagementmethode angepasst. Dabei wurden im zweidimensionalen Diagramm die beiden ursprünglichen Größen Übereinstimmung (*Agreement*) und Gewissheit (*Certainty*) durch Anforderung und Technologie ersetzt, und der Typ der Aufgabenstellung wurde von einfach über kompliziert und komplex bis hin zu chaotisch dargestellt. Diesen Bereichen können nun geeignete Vorgehensmodelle zugeordnet werden.

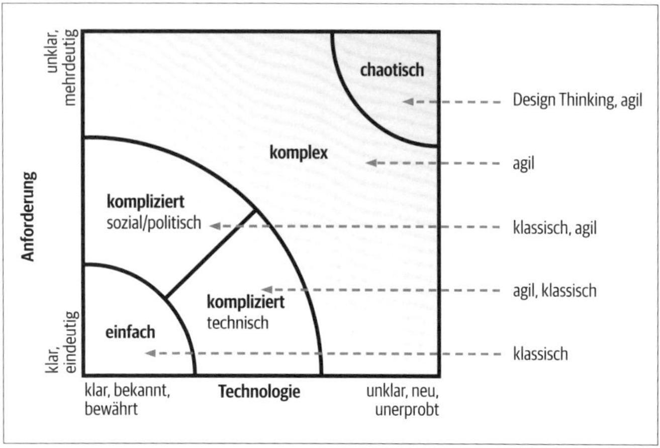


*Abbildung 18-1: Vorgehensmodell mithilfe der Stacey-Matrix wählen*

Was versteht man genau unter komplexer, komplizierter und einfacher Aufgabenstellung?

Eine komplexe Aufgabenstellung zeichnet sich dadurch aus, dass nicht alle Einflussfaktoren und deren Wirkung bekannt sind. Das System ist weder übersichtlich, noch verhält es sich deterministisch. Folglich ist ein komplexes System nicht abschließend erfassbar. Ebenso verhält es sich bei einer komplexen Aufgabe. Diese lässt sich nicht zuverlässig mit einem starr vorgegebenen Vorgehen lösen, sondern erfordert hohe Flexibilität. Unerwartete Situationen bringen immer wieder neue Erkenntnisse, die neu in die Problemlösung einbezogen werden müssen. Damit muss der eingeschlagene Lösungsweg ständig hinterfragt und angepasst werden. Agile Vorgehensmodelle und deren Methoden unterstützen diese Vorgehensweise deutlich besser als klar strukturierte Vorgehensmodelle und eignen sich daher sehr gut für komplexe Aufgabenstellungen, wenn man die notwendige Stabilität in der Umgebung sicherstellt (siehe Kapitel 17, *Agilität in Projekten*).

Im Vergleich zu komplexen Aufgabenstellungen sind komplizierte Aufgabenstellungen ebenfalls unübersichtlich, verhalten sich aber deterministisch. Das bedeutet, gleiche Ausgangsbedingungen führen zu gleichen Resultaten. Damit lässt sich das System mit einem bestimmten Aufwand abschließend beschreiben und strukturieren. Führt man eine solche Aufgabenstellung zum ersten Mal durch, helfen wie oben beschrieben die agilen Methoden. Kommt jedoch mit der Zeit eine gewisse Routine (Erfahrung) hinzu, beispielsweise durch aufeinanderfolgende Releases mit konstanten und übersichtlichen Funktionserweiterungen, können das Vorgehensmodell und der Realisierungsprozess laufend an das Produkt und seine Eigenheiten angepasst und optimiert werden. In solchen Aufgabenstellungen kann ein strukturiertes Phasenmodell genauso gut zum Erfolg führen wie agile Modelle, insbesondere wenn man über ein eingespieltes Team mit etablierter Aufgabenteilung verfügt. Eine aufgezwungene agile Transformation wird nicht auf Akzeptanz stoßen und auch keine Vorteile bringen, solange sich an der Aufgabenstellung nichts Wesentliches ändert.

Zu guter Letzt: Handelt es sich um eine einfache und übersichtliche Aufgabenstellung, kann diese am besten mit einfachen und robusten Prozessen umgesetzt werden. Hier genügt ein Tailoring des gewählten Vorgehensmodells an die Aufgabenstellung oder das Anwenden von Best Practices.

Natürlich spielen bei der Wahl des passenden Vorgehensmodells neben dem Typ der Aufgabenstellung auch andere Faktoren eine Rolle, insbesondere das Projektumfeld.

Berücksichtigt man diese verschiedenen Faktoren, führt das in der Regel dazu, dass hybride Vorgehensweisen zum Einsatz kommen, die klassische mit agilen Projektmanagementansätzen kombinieren.

## Reflexion als Entscheidungshilfe für dein Tailoring

Da du nun dein Vorgehensmodell als Ausgangspunkt gefunden hast, gilt es, dieses an dein Projekt anzupassen. Unterstützend sollen dir nachfolgende Fragen helfen:

- **Was ist an meinem Projekt besonders?**
  Auch wenn man schon viele Jahre an Erfahrung im Projektmanagement mitbringt, wird sich das neue Projekt in einigen Punkten klar von den bereits erfolgreich abgewickelten Projekten unterscheiden. Die Unterschiede können sich in verschiedenen Bereichen zeigen, z.B. in der Technologie, beim Knowhow, bei der Sicherheitsrelevanz, beim Vorgehensmodell, bei den Ressourcen oder den Stakeholdern, in den normativen Vorgaben, der Infrastruktur, der Logistik, beim Zeit- und Budgetrahmen und so weiter.
- **Ist mir der Leistungsumfang genau bekannt, und weiß ich, was der Kunde wirklich will?**
  Meistens sind es die informellen Anforderungen, die gegen Ende des Projekts zu Problemen führen, denn diese sind in der Regel nicht schriftlich festgehalten worden. Um zu erfahren, welche impliziten Erwartungen auf der Kundenseite bestehen, sollte frühzeitig das Gespräch mit den jeweiligen Stakeholdern gesucht werden: Wann ist es aus Sicht des Kunden ein erfolgreiches Projekt? Welches konkrete Problem will mein Kunde lösen? Kenne ich den gewünschten Endzustand? Spiegeln die vorhandenen Anforderungen abschließend den idealen Endzustand wider, und können mit ihnen das Problem gelöst und alle Kundenwünsche erfüllt werden?
- **Welche technologische Basisarchitektur soll eingesetzt werden?**
  Viele verschiedene Faktoren beeinflussen die Wahl des richtigen Technologie-Stacks (das ist eine Liste aller Technologiedienste, die zum Erstellen und Ausführen einer einzelnen Anwendung verwendet werden). Gibt es hier Unsicherheiten, entscheide dich für einen Technologie-Stack, mit dem du fol-

gende Werte sicherstellen kannst: Zuverlässigkeit, Verfügbarkeit, Instandhaltbarkeit und Sicherheit.

- **Kenne ich die kritischen Meilensteine und Abhängigkeiten?**
  Sind mir die kritischen Meilensteine aus Sicht des Kunden, aber auch der Sublieferanten und anderer Stakeholder bekannt, und kenne ich mögliche Abhängigkeiten (z. B. Liefertermine etc.)?
- **Welche Ressourcen stehen mir zur Verfügung?**
  Welche räumliche und technische Infrastruktur steht mir zur Verfügung, und ist diese geeignet, um das Projektziel zu erreichen? In welchem finanziellen Rahmen darf ich mich bewegen? Habe ich genügend Mitarbeiter und auch die richtigen?
- **Gibt es spezielle Anforderungen an meine Ressourcen?**
  Gibt es im vorliegenden Projekt spezielle Anforderungen an meine Ressourcen? Das kann spezielles Know-how sein, aber auch Ressourcen wie Räumlichkeiten, Lagermöglichkeiten oder spezielle Finanzierungen betreffen.
- **Sind mir alle relevanten Verträge bekannt?**
  Kenne ich meine Verträge mit dem Kunden und den Sublieferanten? Gibt es vertragliche Besonderheiten wie beispielsweise Konventionalstrafen oder Abgrenzungen der Leistungen?
- **Welcher Qualitätsanspruch muss eingehalten werden?**
  Die Einhaltung der expliziten Anforderungen an das Projekt sowie die impliziten Erwartungen der Stakeholder bestimmen die im Projekt geforderte Qualität. Mach dir diese bewusst, kommuniziere und fordere sie kompromisslos ein.
- **Was sind die größten Projektrisiken?**
  Manche Risiken können sich zu wahren »Show-Stoppern« entwickeln. Entsprechend hoch müssen diese im Projekt priorisiert werden und von Beginn an mittels Machbarkeitsprüfungen (bei Softwareprojekten sind das z. B. technische Durchstiche der Architektur) verifiziert und dadurch minimiert werden. Unserer Erfahrung nach sind dem Projektleiter die größten Risiken intuitiv bewusst – sie müssen aber aktiv angegangen werden.

- **Kenne ich meine Stakeholder und deren Einstellung zum Projekt?**
  Dasselbe Projekt erfordert in verschiedenen Projektumfeldern unterschiedliche Maßnahmen, deshalb ist es wichtig, zu verstehen, in welches Umfeld das eigene Projekt eingebettet ist. Die Stakeholder prägen wesentlich dieses Umfeld. Folglich ist man gut beraten, wenn man die Stakeholder und deren Einstellung zum Projekt kennt und weiß, wer die Entscheider und deren Beeinflusser sind.

Nimm dich dieser Fragen an, sie werden dir helfen, den Charakter deines Projekts besser zu verstehen. Wie so oft im Leben gibt es auch im Projektmanagement kein Richtig oder Falsch. Sich mit der Aufgabenstellung und dem Einsatz bestimmter Projektmanagementmethoden bewusst auseinanderzusetzen und sich im Klaren darüber zu sein, warum man bestimmte Projektmanagementmethoden einsetzen möchte oder nicht, bildet die Basis für erfolgreiches Projektmanagement.

Damit wünschen wir dir viel Erfolg mit deinem Projekt und hoffen, dass der eine oder andere Tipp dir hilft, dein Projekt erfolgreich ins Ziel zu führen.

KAPITEL 19

# Schlusswort

Um die Essenz einer Sache zu erkennen, musst du sie zuerst verstehen – oder mit anderen Worten ausgedrückt: Du musst kapieren statt kopieren. In diesem Sinne ist dein Projektsetting dann perfekt, wenn du nichts mehr weglassen kannst. Oder wie Antoine de Saint-Exupéry sagte [DSE39]:

*»Perfektion ist nicht dann erreicht, wenn es nichts mehr hinzuzufügen gibt, sondern wenn man nichts mehr weglassen kann.«*

# Anhang

## Literaturhinweise

Hier findest du interessante Bücher, die wir referenziert haben. Vielleicht inspiriert auch dich das eine oder andere.

### Software und Projektmanagement


- [Bom08] Bommer, Ch., Spindler, M., Barr, V.: *Softwarewartung: Grundlagen, Management und Wartungstechniken*, dpunkt.verlag, 2008.

  Softwareentwicklung wirklich verstehen heißt, den gesamten Lebenszyklus der Software zu betrachten – von der Erstentwicklung über die Weiterentwicklung bis zur Softwarewartung.
- [Bro95] Brooks, F. P.: *The Mythical Man-Month. Essays on Software Engineering*, Addison-Wesley Longman, 1995.

  Frederick Brooks gewährt dir einen tiefen Einblick in seine Erfahrungen beim Projektmanagement von komplexen Softwareprojekten – erschreckend zeitlose Einsichten.
- [DeMa03] DeMarco, T., Lister, T.: *Bärentango: Mit Risikomanagement Projekte zum Erfolg führen*, Carl Hanser Verlag GmbH, 2003.

  Risiken in Projekten sind Unsicherheiten, die unklare Auswirkungen auf das Projekt haben können. Tom DeMarco zeigt in diesem Klassiker konkrete Strategien im Umgang mit den häufigsten Risiken in Softwareprojekten auf.

- [DeMa14] DeMarco, T., Lister, T.: *Wien wartet auf Dich!: Produktive Projekte und Teams*, Carl Hanser Verlag GmbH, 2014.

  Tom DeMarcos »Peopleware« ist ein Klassiker und ein Muss für jeden Projektleiter, der sich mit den zwischenmenschlichen Aufgaben seiner Tätigkeit befassen möchte.

## Normen und Standards

- [ISO10006] ISO 10006:2017: *Qualitätsmanagement – Leitfaden für Qualitätsmanagement in Projekten.*

  Normen sind besser als ihr Ruf und definieren unter anderem Begriffe sehr klar. ISO 10006 zeigt, wie Qualitätsaspekte in Projektmanagementprozesse übernommen werden können.

- [ISO25010] ISO/IEC 25010:2011: *Systems and software engineering – Systems and software Quality Requirements and Evaluation (SQuaRE) – System and software quality models.*

  ISO 25010 löst die ältere ISO 9126 als Norm für Qualitätskriterien von Softwaresystemen ab und stellt ein Qualitätsmodell und Leitlinien für die Entwicklung guter Software bereit. Zudem bietet sie dem Auftraggeber eines Softwareprodukts einen Leitfaden dazu, worauf bei Softwareentwicklungsprojekten Wert zu legen ist.

- [TAM01] Beck, K. et al.: *Manifest für Agile Softwareentwicklung*, agilemanifesto.org, 2001.

  Alle Welt spricht von der agilen Softwareentwicklung, und kaum jemand kennt deren Ursprung. Auf dieser Webseite findest du deren originale Werte und Prinzipien und ihre Gründerväter.

## Business und Gesellschaft

- [Doe14] Dobelli, R.: *Die Kunst des klugen Handelns: 52 Irrwege, die Sie besser anderen überlassen*, dtv Verlagsgesellschaft, 2014.

  Rolf Dobelli zeigt in seinem Buch, wie man auf dem Weg vom Denken zum Handeln Fallstricke umgeht und aus den Fehlern anderer lernt – mit vielen interessanten Beispielen.

- [DSE39] De Saint-Exupéry A.: Wind, Sand und Sterne, Karl Rauch, 2015. *(Original: Terre des hommes,* Gallimard, 1939)

  »Wind, Sand und Sterne« ist ein Erlebnisbericht des französischen Schriftstellers und Piloten Antoine de Saint-Exupéry. Im Mittelpunkt stehen die Erfahrungen, die Saint-Exupéry als Pilot bei seinen Flügen über die Wüste sammelte, bis hin zum Absturz in der Sahara im Jahr 1935.

# Webseite zum Buch

Zum Schluss noch eine Bitte: Wenn dir dieses Buch gefallen hat, dann empfehle uns in deinem Netzwerk weiter: *pm-essenz.com*. Danke!

# Index

# Über die Autoren

Daniel Brönimann und Christoph Bommer verfügen beide über langjährige Erfahrungen im Projektmanagement – hauptsächlich im Umfeld der Softwareentwicklung, aber auch im Anlagenbau. Dabei haben sie in vielen Projekten Höhen und Tiefen erlebt und verschiedene Methoden kennengelernt. Ihnen stellte sich immer wieder die Frage, die schlussendlich zu diesem Buch führte: Was macht ein Projekt eigentlich *wirklich* erfolgreich?

**Daniel Brönimann** erwarb ein Diplom als Elektroingenieur an der Hochschule für Technik in Rapperswil. Er begann seine berufliche Laufbahn als Softwareentwicklungsingenieur und arbeitete später als Projektleiter bei verschiedensten Softwareprojekten. Dabei kamen sehr unterschiedliche Entwicklungsprozesse zum Einsatz: von schlanken agilen Projekten bis zu stark strukturierten Großprojekten im sicherheitsrelevanten Umfeld. Als Assessor und Certified Senior Project Manager nach IPMA Level B hat er seit vielen Jahren Einblick in die Projektmanagementpraktiken unterschiedlichster Firmen. Heute ist er bei der Siemens Mobility AG als Abteilungsleiter in der Softwareentwicklung tätig und engagiert sich dort unter anderem für die Einführung eines Lean Project Framework. Du kannst Daniel direkt unter *daniel.broenimann@pm-essenz.com* erreichen.

**Christoph Bommer** ist bei der Yunex Traffic zuständig für das Engineering von Verkehrs- und Tunnelleittechnikprojekten. Er erwarb ein Diplom als Elektroingenieur an der Hochschule für Technik Rapperswil und begann seine berufliche Laufbahn als Softwareentwicklungsingenieur im Telekommunikationsumfeld bei der Siemens AG. Später leitete er verschiedene Entwicklungsprojekte im internationalen Umfeld und führte Softwareentwicklungsabteilungen in der Telekommunikationsbranche wie auch in der Bahnleittechnik. In dieser Zeit befasste er sich intensiv mit der Verbesserung von Entwicklungsprozessen (CMMI). Du kannst Christoph direkt unter *christoph.bommer@gmail*.com erreichen.